StatQuest
图解机器学习

[美] Josh Starmer◎著　钱辰江　潘文皓◎译

**The StatQuest Illustrated Guide
To Machine Learning**

电子工业出版社

Publishing House of Electronics Industry

北京·BEIJING

内容简介

Josh Starmer博士在YouTube的视频总观看量突破7500万次（截至2025年2月统计的数据），他帮助世界各行各业的人赢得数据科学竞赛、通过考试、顺利毕业、成功求职或实现晋升，因此被大家誉为"硅谷守护神"。他那独特的图文表达形式和幽默的语言风格深受观众喜爱。这本《StatQuest图解机器学习》结合了他创新的视觉呈现方式，深入浅出地阐释了机器学习的基础知识和高阶知识，是一本轻松理解机器学习的"漫画书"。

本书前3章着重介绍了机器学习的整体框架和主要思想，从第4章起，介绍了各种机器学习算法：从基础的线性回归（第4章）和逻辑回归（第6章）到朴素贝叶斯（第7章）和决策树（第10章），最后介绍了支持向量机（第11章）和神经网络（第12章）。在介绍机器学习算法的同时，本书还穿插介绍了机器学习的进阶知识和实用技巧，如梯度下降法（第5章）、模型性能度量（第8章）和防止过拟合的正则化方法（第9章）。

版权贸易合同登记号　图字：01-2024-5058

图书在版编目（CIP）数据

StatQuest图解机器学习 / （美）乔什·斯塔默
(Josh Starmer) 著 ；钱辰江，潘文皓译. -- 北京 ：电
子工业出版社，2025. 3. -- ISBN 978-7-121-49764-3

Ⅰ. TP181-64
中国国家版本馆CIP数据核字第2025GA4145号

责任编辑：张慧敏
印　　刷：北京宝隆世纪印刷有限公司
装　　订：北京宝隆世纪印刷有限公司
出版发行：电子工业出版社
　　　　　北京市海淀区万寿路173信箱　邮编：100036
开　　本：720×1000　1/16　　印张：18.5　　字数：414.1千字
版　　次：2025年3月第1版
印　　次：2025年4月第3次印刷
定　　价：118.00元

凡所购买电子工业出版社图书有缺损问题，请向购买书店调换。若书店售缺，请与本社发行部联系，联系及邮购电话：（010）88254888，88258888。
质量投诉请发邮件至zlts@phei.com.cn，盗版侵权举报请发邮件至dbqq@phei.com.cn。
本书咨询联系方式：faq@phei.com.cn。

译者序

在现代科技迅速发展的今天，机器学习作为人工智能（AI）的重要基础，已经深入到各个领域。AI领域正吸引着日益增多的爱好者关注。然而，很多人在面对海量的数学公式和烦琐的推导过程时感到望而却步，其根本原因并非读者能力有限，而是市面上现有的图书资料未能充分激发读者的兴趣和积极性。

Josh Starmer的《StatQuest图解机器学习》这本书以其独特的图文形式和幽默的语言风格，深入浅出地阐释了机器学习的基础和高阶知识。这种展现形式能够与读者形成良性互动，提供正向反馈，使得初学者对机器学习以及人工智能产生更大的兴趣。同时，相关从业人员也可以反复阅读，不断从中汲取新的知识。

本书前3章着重介绍了机器学习的整体框架和主要思想，从第4章起，介绍了各种机器学习算法：从基础的线性回归（第4章）和逻辑回归（第6章）到朴素贝叶斯（第7章）和决策树（第10章），最后介绍了支持向量机（第11章）和神经网络（第12章）。在介绍机器学习算法的同时，本书还穿插介绍了机器学习的进阶知识和实用技巧，如梯度下降法（第5章）、模型性能度量（第8章）和防止过拟合的正则化方法（第9章）。阅读本书的读者需要掌握高中数学知识及基础的导数概念。对导数尚不熟悉的读者，可以通过翻阅本书附录，快速回顾相关知识。

我国在AI领域的发展可谓突飞猛进，政府和企业均在大力推动AI的研究与应用。机器学习囊括了深度学习这一子领域，该领域利用多层神经网络处理复杂数据，并进一步将其应用于大型语言模型，以处理和生成自然语言文本等多样化应用。学习机器学习的重要性在于，它已然成为现代AI技术的基石，推动了众多前沿应用的发展。

通过翻译本书，我们期望能为国内的AI从业者和爱好者提供优质的学习资源，助力他们在机器学习及人工智能的广阔天地中自由翱翔。

在翻译过程中，我和潘文皓博士深感责任重大。我们不仅要准确传达原书的知识内容，还要竭力保留其通俗易懂和富有趣味性的文风。我们致力于在维持原著精髓的同时，使译文更加贴近中文读者的阅读习惯和理解方式。尽管如此，受我们自身水平和时间所限，译文中难免存在瑕疵，恳请广大读者批评、指正。

在此特别感谢电子工业出版社的张慧敏编辑和孙东燕编辑，她们在本书的翻译和出版过程中给予了宝贵的支持和悉心的指导，没有她们的辛勤付出，本书难以如此顺利地呈现在广大读者面前。

钱辰江

2024年11月20日于美国硅谷

说明：本书中一些数据的计算结果进行了四舍五入，有的保留一位小数，有的取整。为了与原书的内容保持一致，本书对这些数据结果的格式没做统一。特此说明。

我是本书作者Josh Starmer，欢迎来到《StatQuest 图解机器学习》！本书将对机器学习进行全面探讨：从基础知识讲解到高级主题（如神经网络）应用。本书将逐步且清晰地阐释所有机器学习的概念。

目录

我好想快点儿学习神经网络！

我对附录的学习都已经迫不及待了！

1 注：在开始学习前，让我们先通过一个样例来学习如何阅读本书。

2 每一页都从一个标题开始，该标题准确地概括了需要关注的概念。

机器学习：主要思想

1 嗨，正态恐龙，你能用一句话概括机器学习吗？

那当然啦，统计野人！机器学习是工具和技术的合集，它通过分类的方法（比如某人是否会喜欢一部电影）或者定量的预测（比如某人有多高）将数据转化为决策。

3 在每一页中，你都会看到像这样的带圈数字……

2 正态恐龙，你是说机器学习可以做两件事情：1. 用于分类；2. 用于定量预测。

对的，统计野人！就是这两件事情。当把机器学习用于分类事物时，就称为分类问题。当把机器学习用于定量预测时，就称为回归问题。

……只需要按数字从小到大的顺序依次阅读，便能清晰地理解每个概念。

3 那就让我们开始讨论机器学习分类问题的主要思想吧！

赞！

4 赞！现在你知道如何阅读本书了，让我们开始吧！

看，这个角落上的人是我呢。

第1章

机器学习的
基本概念

1 问题: 假设有一大堆数据需要分类。

举例来说, 假设你遇到一个人, 需要将其分类为"喜欢StatQuest的人"和"不喜欢StatQuest的人"。*

*译者注: StatQuest是本书作者Josh Starmer在视频分享平台YouTube的官方频道。

2 一个解决方案: 通过数据构建分类树(详细内容见第10章), 对这个人是否喜欢StatQuest进行分类。

a 一旦建立分类树, 就可以用它来进行分类, 从顶部开始提问: "你对机器学习感兴趣吗?"

g 好! 理解了机器学习分类问题后, 接下来让我们来学习机器学习回归问题的主要思想。

b 如果你对机器学习不感兴趣, 选右边……

c 接下来的问题是"你喜欢听有幽默感的歌曲吗?"

你对机器学习感兴趣吗?

是   否

那么你喜欢StatQuest!

你喜欢听有幽默感的歌曲吗?

是   否

f 如果你对机器学习感兴趣, 那么分类树预测你会喜欢StatQuest!

那么你喜欢StatQuest!

:(

e 另外, 如果你喜欢听有幽默感的歌曲, 那么分类树预测你会喜欢StatQuest!

d 如果你对机器学习不感兴趣, 也不喜欢听有幽默感的歌曲, 那太糟糕啦!

1 问题：假设有另外一大堆数据需要用于定量预测，即机器学习中的回归问题。

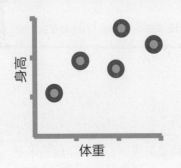

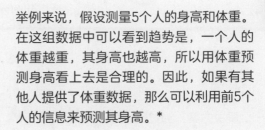

举例来说，假设测量5个人的身高和体重。在这组数据中可以看到趋势是，一个人的体重越重，其身高也越高，所以用体重预测身高看上去是合理的。因此，如果有其他人提供了体重数据，那么可以利用前5个人的信息来预测其身高。*

*译者注：数据仅起展示作用，故未提供单位。

2 一个解决方案：通过线性回归（详细内容见第4章）方法，可以用收集到的原始数据拟合一条直线，并用该直线进行定量预测。

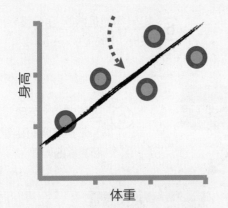

这条随着体重的增加而升高的直线总结了数据的趋势：一般而言，当一个人的体重增加时，其身高也增加。

现在，如果这是你的体重，那么可以根据该直线预测你的身高应该在这里。

因为机器学习中有很多方法可供选择，接下来让我们讨论对于这个问题而言，如何选择更好的方法。

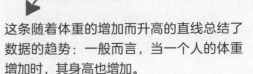

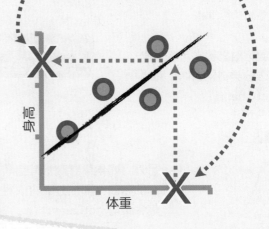

1 问题：之后将会学习到，机器学习包含许多不同的分类方法或者定量预测方法，该如何选择呢？

举例来说，可以通过这条黑色直线上的体重数据来预测身高，

或者可以通过这条绿色曲线上的体重数据来预测身高。

如何决定是使用黑色直线还是绿色曲线呢？

2 一个解决方案：在机器学习中，选择使用哪种方法前通常会先尝试做不同的方法比较，再看看各自表现如何。

对比之下，绿色曲线预测此人的身高会稍微高一点。

举例来说，给定此人的体重

这条黑色直线预测了此人的身高在这里。

通过比较两个预测值与实际身高之间的差异，可以确定每种预测结果的质量。

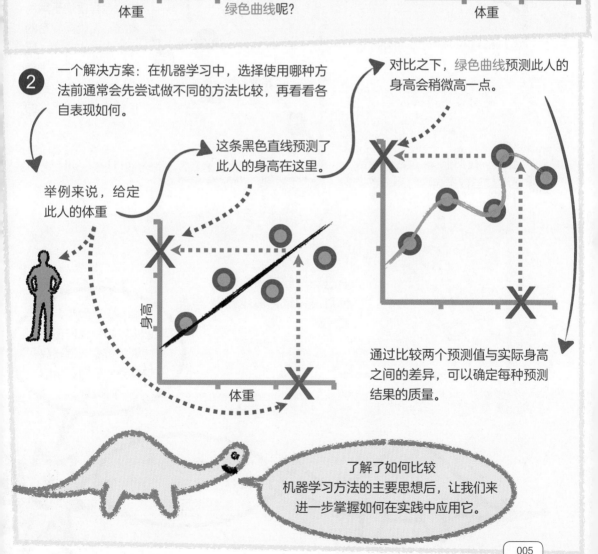

了解了如何比较机器学习方法的主要思想后，让我们来进一步掌握如何在实践中应用它。

1 用来观察趋势和拟合直线的原始数据被称为训练数据（Training Data）。

我们可以使用黑色直线来拟合训练数据。

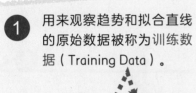

2 另外，也可以使用绿色曲线来拟合训练数据。

绿色曲线与训练数据的拟合程度优于黑色直线，但机器学习的目的是做出预测，所以需要找到方法来确定是黑色直线还是绿色曲线能做出更好的预测。

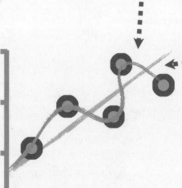

3 因此，我们收集了更多的数据，这些数据被称为测试数据（Testing Data）……

通过测试数据来比较黑色直线和绿色曲线做出的预测。

嗨，正态恐龙，难道你不希望我们在引入诸如训练数据或测试数据这些新术语时，给出一个解释吗？

当然会的，统计野人！所以从这里开始，会有关键的术语解释！

4 现在，如果这些蓝点是测试数据……

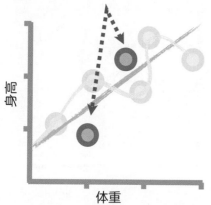

5 ……那么可以将它们的观测身高与黑色直线和绿色曲线各自的预测身高进行比较。

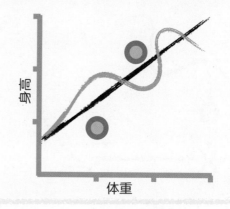

6 在测试数据中，第一个人的体重在这里……

……身高在这里。

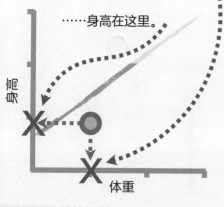

7 然而，黑色直线预测他会更高一点……

……可以测量观测身高和预测身高之间的距离，我们通常称之为误差（error）。

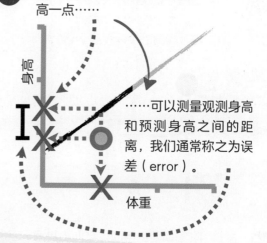

8 同样地，可以测量测试数据中第二个人的观测值与预测值之间的误差。

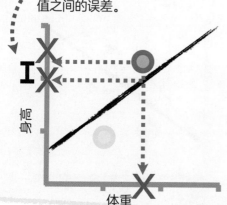

9 接下来，可以将两个误差相加，以便了解黑色直线上的两个预测值与其对应观测值的接近程度。

第二个误差

第一个误差

误差总和

⑩ 同样地，可以测量绿色曲线的预测身高和观测身高之间的距离，即误差。

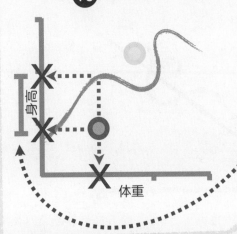

⑪ 可以将两个误差相加，以便了解绿色曲线上的两个预测值与其对应观测值的接近程度。

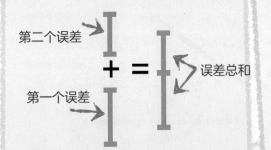

第二个误差

第一个误差

误差总和

⑫ 现在通过比较两种方法的误差总和，来判断黑色直线与绿色曲线的预测结果孰优孰劣。

绿色曲线的误差总和

黑色直线的误差总和

可以看到黑色直线的误差总和更小，这表明它的预测更好。

⑬ 换句话说，即使绿色曲线与训练数据的拟合程度优于黑色直线与训练数据的拟合程度……

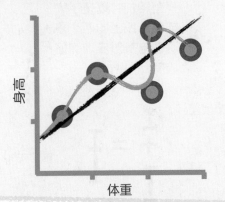

⑭ 但是，黑色直线在预测测试数据的身高时要更胜一筹。

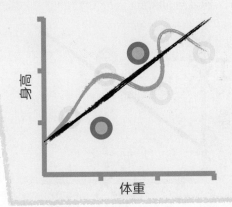

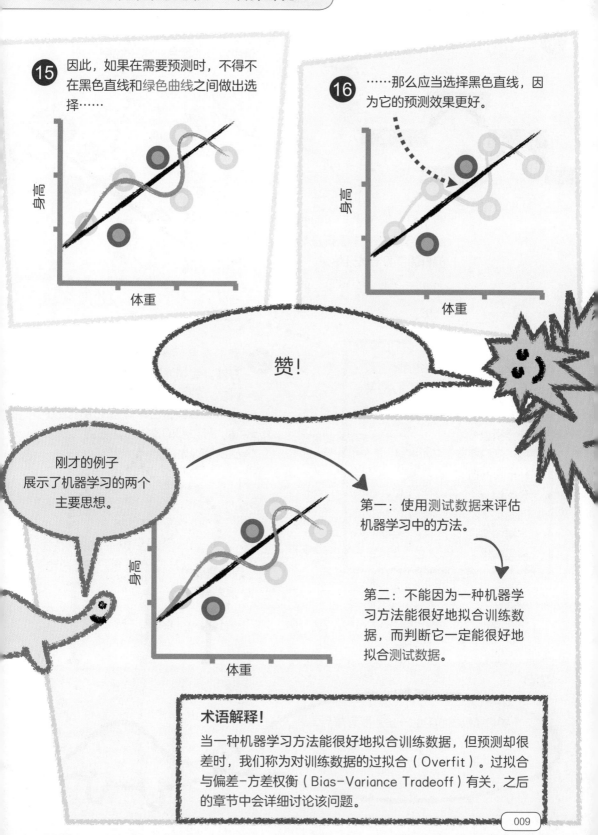

15 因此，如果在需要预测时，不得不在黑色直线和绿色曲线之间做出选择……

16 ……那么应当选择黑色直线，因为它的预测效果更好。

赞！

刚才的例子展示了机器学习的两个主要思想。

第一：使用测试数据来评估机器学习中的方法。

第二：不能因为一种机器学习方法能很好地拟合训练数据，而判断它一定能很好地拟合测试数据。

术语解释！
当一种机器学习方法能很好地拟合训练数据，但预测却很差时，我们称为对训练数据的过拟合（Overfit）。过拟合与偏差–方差权衡（Bias-Variance Tradeoff）有关，之后的章节中会详细讨论该问题。

机器学习的主要思想：总结

1 现在，你可能想知道为什么这本书从一个超级简单的决策树……

……以及一条简单的黑色直线和一条有点复杂的绿色曲线开始讲……

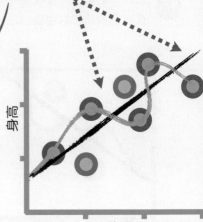

而不是从深度学习中的卷积神经网络或者一种最新且最复杂的机器学习方法开始讲。

还有很多十分酷炫的机器学习方法。在本书中，我们将学习……

回归模型
逻辑回归模型
朴素贝叶斯
分类树
回归树
支持向量机
神经网络

2 有很多看起来**很复杂的机器学习方法**，比如深度学习中的卷积神经网络，并且每年都会出现一些激动人心的模型，但不管你使用什么方法，最重要的是该方法在测试数据上的表现如何。

绿色曲线的
误差总和

复杂方法的
误差总和

黑色直线的
误差总和

赞！

学习了机器学习的一些主要思想后，接下来让我们学习一些复杂的术语，以便于向别人吹嘘这些东西并让别人觉得我们很厉害。

术语解释！自变量和因变量

1 迄今为止，我们通过体重预测了身高……

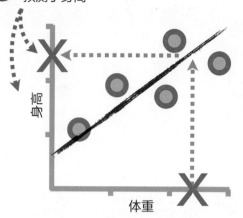

……而且所有数据都展示在精美的图像上。

但也可以整理数据并将其展示在精美的表格上。

现在，无论数据展示在图像上还是表格上，可以看到的是体重因人而异，因此将体重称为变量（Variable）。

同理，身高也因人而异，因此身高也被称为变量。

体重	身高
0.4	1.1
1.2	1.9
1.9	1.7
2.0	2.8
2.8	2.3

2 可以把身高和体重所代表的变量类型更加具体化。

因为对身高的预测取决于对体重的测量，因此我们称身高为因变量（Dependent Variable）。

反之，因为没有预测体重，即体重不取决于身高，所以我们称体重为自变量（Independent Variable）。另外，体重也可以称为特征（Feature）。

3 之前的例子仅用到了体重，也就是使用单个自变量（特征）来预测身高。然而，通常情况下会使用多个自变量来做预测。举例来说，可以通过体重、鞋码以及颜色偏好来预测身高。*

*译者注：表中数据仅作展示作用，并非真实数据。故未提供数据单位。

体重	鞋码	颜色偏好	身高
0.4	3	Blue	1.1
1.2	3.5	Green	1.9
1.9	4	Green	1.7
2.0	4	Pink	2.8
2.8	4.5	Blue	2.3

从该表可以得知，体重是连续数据，而颜色偏好是离散数据，两者的数据类型是不同的。接下来还会介绍更多的数据类型。

术语解释！离散数据和连续数据

1 离散数据（Discrete Data）是可数的，并且只能取特定的值。

2 打个比方，喜欢绿色或者蓝色的人的数量是可数的。

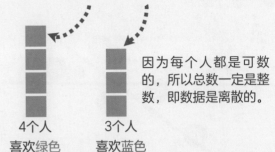

因为每个人都是可数的，所以总数一定是整数，即数据是离散的。

4个人
喜欢绿色

3个人
喜欢蓝色

3 美式鞋码是离散数据，因为即使存在半码，比如8码半，但是不可能出现8又7/26码，或者9又5/18码。

4 排名或者其他的排序也是离散数据。不可能有一个奖项是1.68等奖。

一等奖　二等奖　三等奖

5 连续数据（Continuous Data）是可测量的，并且在给定范围内能取任意数值。

6 打个比方，测量的身高数据是连续数据。身高可以是0到世界上最高的巨人身高之间的任意值。

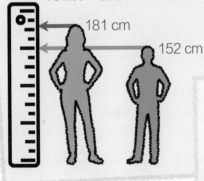

181 cm

152 cm

7 注：如果有一把刻度更精准的尺子……

……那么测量结果就会更加精准。

181.73 cm

152.11 cm

因此，连续测量的精度只受限于所使用的工具。

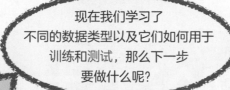

现在我们学习了
不同的数据类型以及它们如何用于
训练和测试，那么下一步
要做什么呢？

在下一章节中，
我们会应用交叉验证法来决定
数据该用于训练还是测试。

第2章

交叉验证法

1 问题：迄今为止，我们人为地规定了一部分数据为训练数据……

……另一部分数据为测试数据。

然而，究竟哪些数据应该用于训练，哪些用于测试呢？

如何选取最佳的数据用于训练和测试呢？

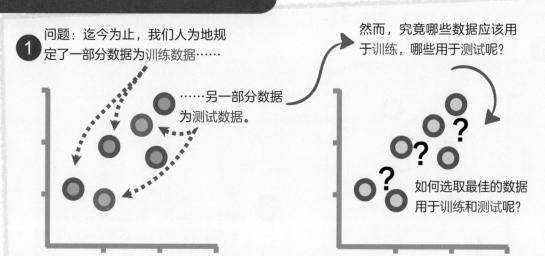

2 一个解决方案：当不知道哪些数据应该用于训练或测试时，可以使用一种无偏性的方法：交叉验证法（Cross Validation）。

测试集1

测试集2

测试集3

与其过度担心哪些数据点应该用于训练或测试，不如通过交叉验证法以迭代的方式将所有的数据点用于训练和测试，这意味着需要分步进行。

赞！

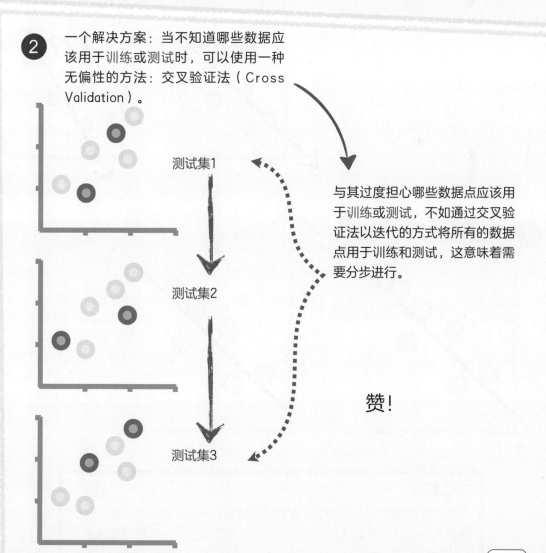

1 设想我们收集了6组体重和身高的测量数据······

······并且发现体重越重的人，其身高也越高。因此，可以用体重来预测身高······

2 ······我们决定使用线性回归模型，通过线性回归找到一条直线来拟合数据（详细内容见第4章）。然而，我们并不知道哪些点应该用于训练，哪些点应该用于测试。

3 一个糟糕的想法是把所有的点用于训练······

······然后重新把所有的点用于测试······

······糟糕的原因在于，判断一种机器学习模型是否对训练数据过拟合的唯一方法是将该模型用于从未用过的新数据上。

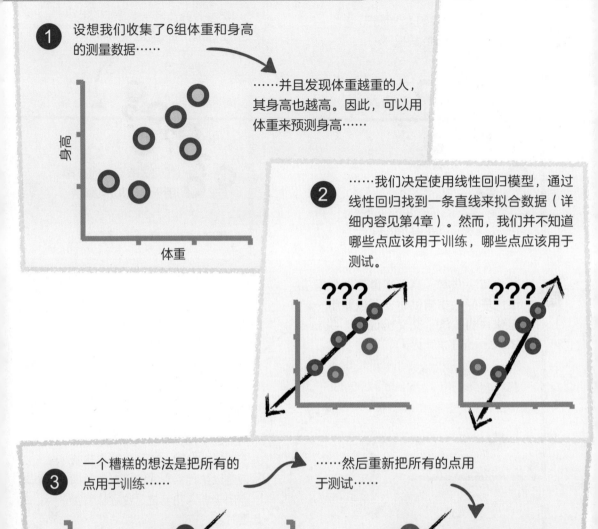

术语解释！

在训练以及测试中重复使用相同的数据称为数据泄露（Data Leakage），这通常会导致大家误以为机器学习模型的表现超出实际，但其实是因为过拟合导致的。

4 一个相对较好的方法是随机选取一些数据仅用于测试，而剩下的数据则用于训练。

这可以避免数据泄露，但是如何知道是否选取了最合适的数据用于测试呢？

5 交叉验证法使用全部数据，通过迭代的方式来解决哪些数据适用于测试的问题。第一步是将数据随机分配到不同的组。在该例中，将数据分成3组，每组由2个点组成。

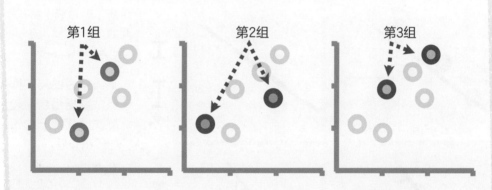

第1组　　　　　　第2组　　　　　　第3组

6 在第1次交叉验证的迭代中，使用第1组和第2组用于训练……

……第3组用于测试。

7 和之前一样，需要测量测试数据中每个点的误差……

第1次迭代：黑色直线的误差

……然而，和之前不一样的是，迭代还要继续，使第1组和第2组都有机会被用于测试。

8 因为有3组数据，所以需要迭代3次，即每组都会被用于测试。迭代的次数称为"折"，因此该例使用的方法称为3折交叉验证（3-Fold Cross Validation）法。

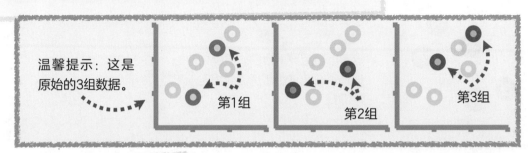

温馨提示：这是原始的3组数据。

第1组　　第2组　　第3组

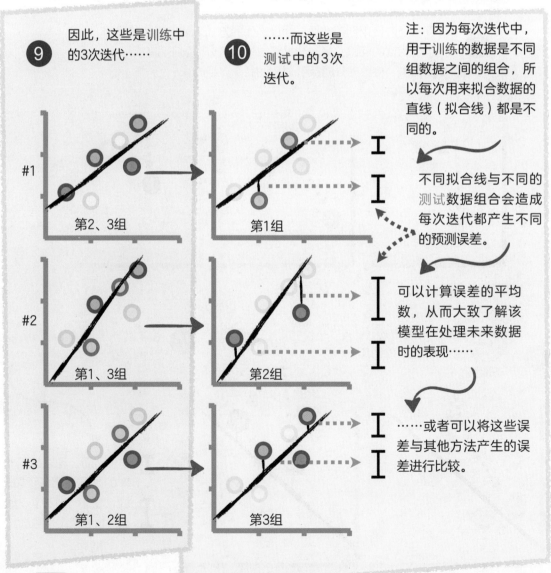

9 因此，这些是训练中的3次迭代……

#1　第2、3组
#2　第1、3组
#3　第1、2组

10 ……而这些是测试中的3次迭代。

第1组
第2组
第3组

注：因为每次迭代中，用于训练的数据是不同组数据之间的组合，所以每次用来拟合数据的直线（拟合线）都是不同的。

不同拟合线与不同的测试数据组合会造成每次迭代都产生不同的预测误差。

可以计算误差的平均数，从而大致了解该模型在处理未来数据时的表现……

……或者可以将这些误差与其他方法产生的误差进行比较。

11 举例来说，可以通过3折交叉验证法来比较黑色直线以及绿色曲线所产生的误差。

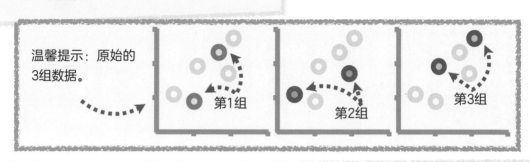

温馨提示：原始的3组数据。

第1组　第2组　第3组

12 训练　　**13** 测试

在该例的3折交叉验证中，全部3次迭代都显示黑色直线的预测结果优于绿色曲线。

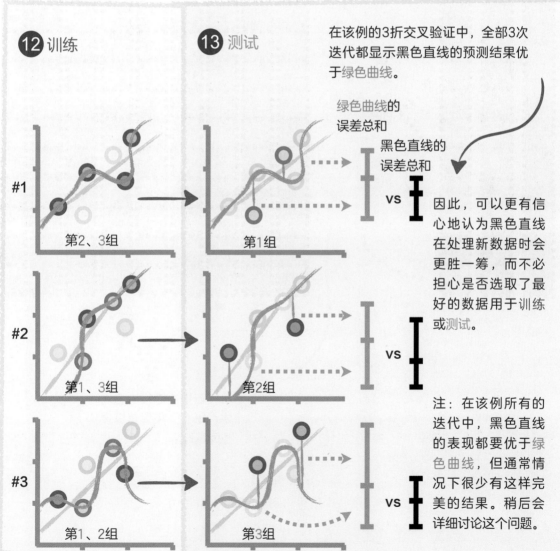

#1　第2、3组　　第1组

绿色曲线的误差总和

黑色直线的误差总和

VS

因此，可以更有信心地认为黑色直线在处理新数据时会更胜一筹，而不必担心是否选取了最好的数据用于训练或测试。

#2　第1、3组　　第2组

VS

注：在该例所有的迭代中，黑色直线的表现都要优于绿色曲线，但通常情况下很少有这样完美的结果。稍后会详细讨论这个问题。

#3　第1、2组　　第3组

VS

14 当数据量较大时，通常采用10折交叉验证
（10-Fold Cross Validation）法。

设想这个灰色列代表了
很多行数据。

进行10折交叉验证的前提是首先需要对
所有数据进行随机排序，然后将随机排序
后的数据等分成10个子集。

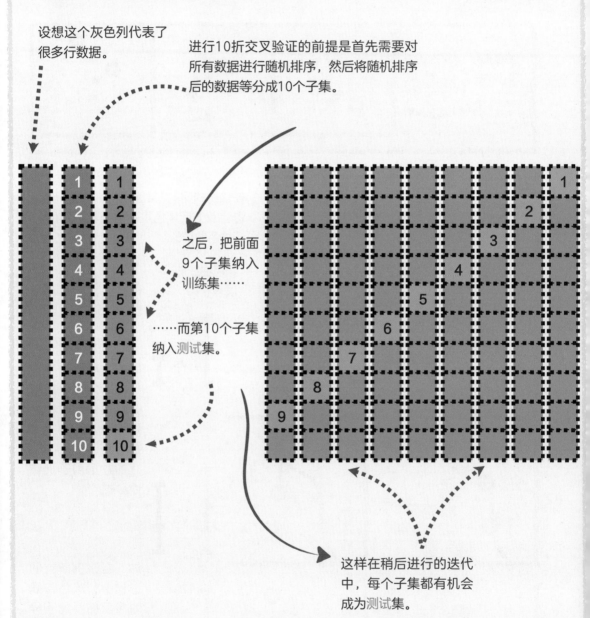

之后，把前面
9个子集纳入
训练集……

……而第10个子集
纳入测试集。

这样在稍后进行的迭代
中，每个子集都有机会
成为测试集。

赞！赞！

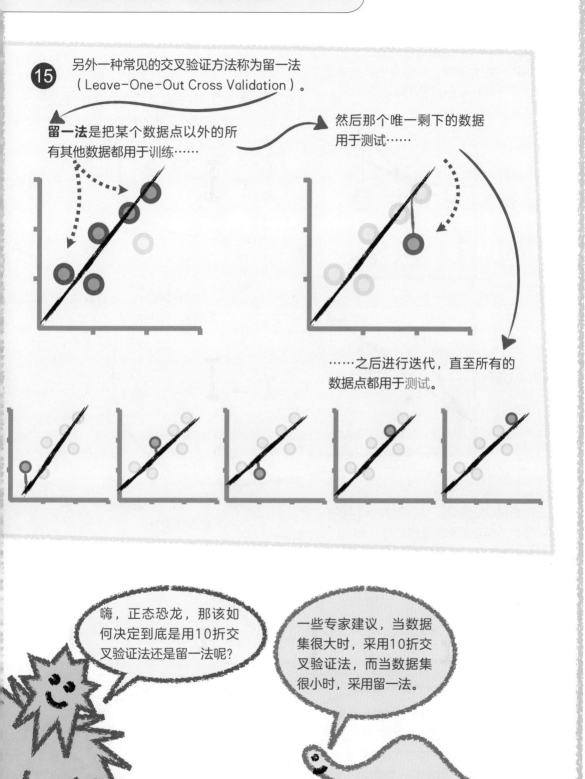

15 另外一种常见的交叉验证方法称为留一法（Leave-One-Out Cross Validation）。

留一法是把某个数据点以外的所有其他数据都用于训练……

然后那个唯一剩下的数据用于测试……

……之后进行迭代，直至所有的数据点都用于测试。

嗨，正态恐龙，那该如何决定到底是用10折交叉验证法还是留一法呢？

一些专家建议，当数据集很大时，采用10折交叉验证法，而当数据集很小时，采用留一法。

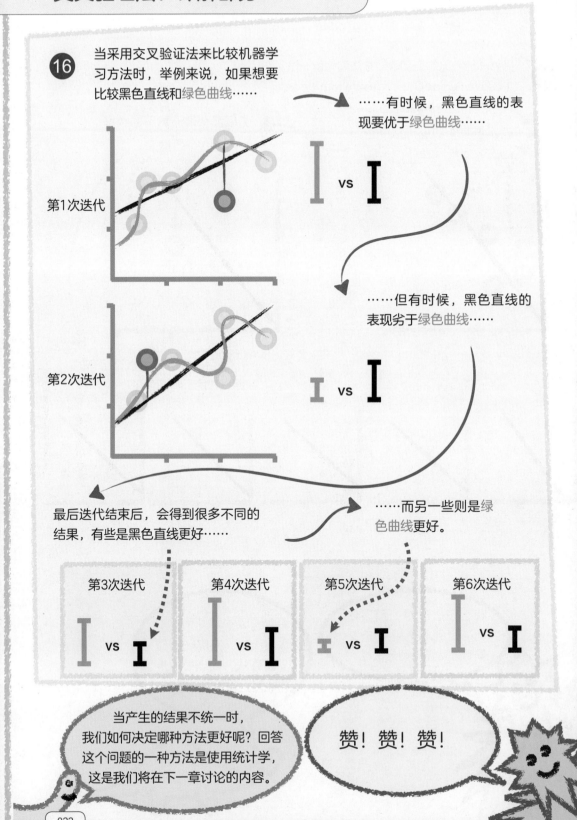

第3章

统计学的
基本概念

统计学：主要思想

1 问题：这个世界很有意思，每天发生的事情都不尽相同。

比如每次点餐时，薯条的根数都不一样。

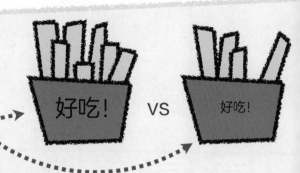

好吃！ VS 好吃！

---

2 一个解决方案：统计学提供了一套工具来量化事物的变化。而机器学习借助统计学做出预测，并量化该预测的可信程度。

举例来说，一旦发现每份薯条的根数不尽相同，就可以每次对薯条的根数进行记录……

薯条日记：
周一：21根薯条
周二：24根薯条
周三：19根薯条
周四：？

……这样，统计学就可以预测下一次就餐点薯条的时候，可能会有多少根，并且得到该预测的可信程度。

或者，如果有一种新药可以治愈一些人，但会损伤到另一些人……

……那么，统计学就可以预测新药会治愈哪些人，而对哪些人是无效的，并得到该预测的可信程度。这些信息可以帮助我们决定如何对病人进行治疗。
例如，如果预测结果显示药物是有效的，但可信度较低，那么我们可能不会推荐选择这种药物，而是使用其他的治疗方法。

好极啦！ 糟糕。

3 进行预测的第一步是确定收集到的数据的趋势，让我们学习如何使用直方图来实现这一点。

直方图：主要思想

1 问题：假设测量了很多数据，接下来想要深入了解它们背后隐藏的趋势。
打个比方，如果测量了很多人的身高，并且用绿色的点来代表这些数据。有些点因为相互重叠，所以完全被遮挡了。

可以把数值完全一样的数据以堆叠的方式展现，使其更容易被看到……

……但是，数值完全一样的数据实在太少了，因此仍然有大量数值相近的绿点被遮挡。

2 一个解决方案：直方图是最基本的统计工具之一，它非常有用，可以用于深入了解数据。

直方图不是将数值完全一样的数据堆叠在一起，而是将所有数值的范围分成一系列间隔……

然后把每个间隔内的数据堆叠起来……

……最后就有了直方图！

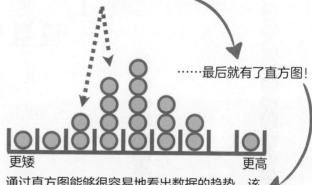

通过直方图能够很容易地看出数据的趋势。该例中可以看到大多数人的身高接近平均水平。

赞！

直方图：详解

1 如果其中一个间隔内数据堆叠得越高，那么该间隔内的测量值就越多。

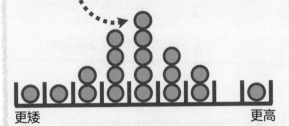

更矮 　　　　　　　　更高

在第7章中，我们将通过直方图来使用一种名为朴素贝叶斯的机器学习算法进行分类。

2 可以通过直方图来估计新数据出现的概率。

因为大部分的测量值来自这个红框中，所以更倾向于预测下一个数据会落在该范围内的某个地方。

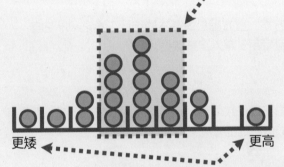

更矮 　　　　　　　　更高

身高数据中的极端矮小或极端高大都是非常罕见的，将来这类数据出现的可能性也较低。

3 注：判断间隔的间距宽度是需要动动脑筋的。

如果间距太宽，那么就没什么帮助……

……如果间距太窄，同样也不会有什么帮助……

……因此，有时候必须要尝试不同的间距宽度，才能看得清数据的趋势。

赞！

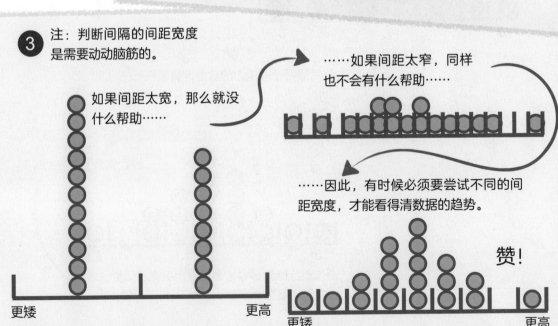

更矮 　　　　　　　　更高　　　　　更矮 　　　　　　　　更高

1 若要估计新的测量值落在该红框内的概率……

……则对红框内的测量值（或观测值）计数，得到12……

……然后除以测量值的总数，19……

$$\frac{12}{19} = 0.63$$

……最后得到0.63。理论上说，这意味着数据会出现在红框内的概率是63%。

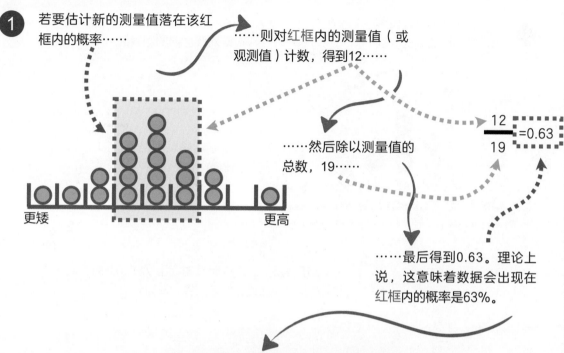

然而，该估计的可信度取决于测量的次数。一般来说，测量的次数越多，估计的可信度就越高。

2 若要估计新的测量值落在该红框内的概率，这个红框仅包含测量到的最高的人……

……则对红框内的测量值计数，得到1……

……然后除以测量值的总数，19……

$$\frac{1}{19} = 0.05$$

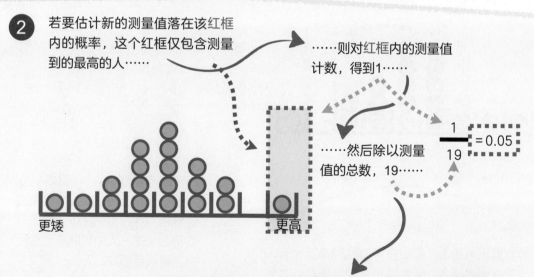

……最后得到0.05。这说明从理论上讲，数据会出现在红框内的概率仅有5%。换句话说，测量到巨人身高是相当罕见的。

3 若要估计新的测量值落在包含所有数据的红框内的概率……

……则对红框内的测量值计数，得到19……

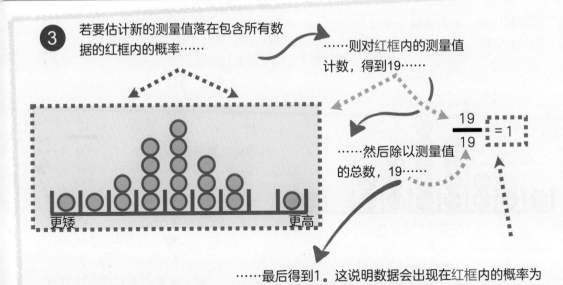

更矮　　　　　　　　更高

$$\frac{19}{19} = 1$$

……然后除以测量值的总数，19……

……最后得到1。这说明数据会出现在红框内的概率为100%。换句话说，概率的最大值为1。

4 若要估计新的测量值落在该红框内的概率……

……则对红框内的测量值计数，得到0……

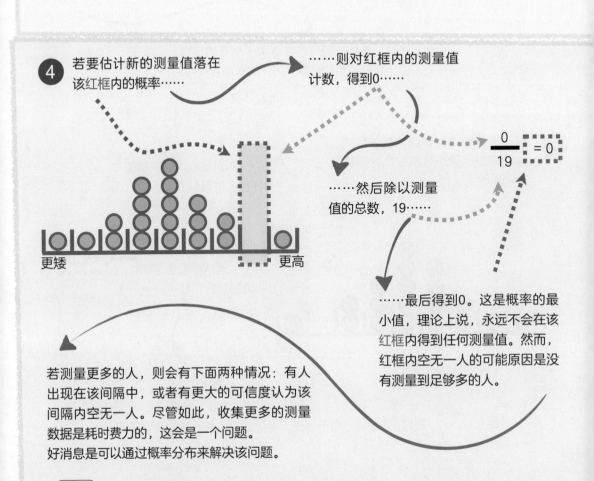

更矮　　　　　　　　更高

$$\frac{0}{19} = 0$$

……然后除以测量值的总数，19……

……最后得到0。这是概率的最小值，理论上说，永远不会在该红框内得到任何测量值。然而，红框内空无一人的可能原因是没有测量到足够多的人。

若测量更多的人，则会有下面两种情况：有人出现在该间隔中，或者有更大的可信度认为该间隔内空无一人。尽管如此，收集更多的测量数据是耗时费力的，这会是一个问题。好消息是可以通过概率分布来解决该问题。

1 问题：如果没有足够多的数据，那么就无法通过直方图得到非常精准的概率估计……

……然而，为了得到精准的估计而去收集大量数据是非常耗时费力的。那有没有别的办法呢？
当然！

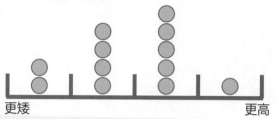

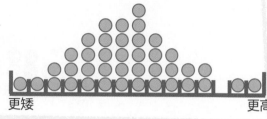

2 一个解决方案：可以利用概率分布，在该例中，这条蓝色的钟形曲线代表了概率分布，并用于近似直方图。

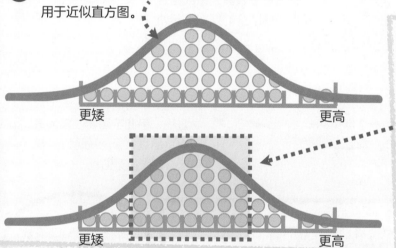

3 通过蓝色的钟形曲线和直方图所得出的结论是一致的。打个比方，这个红框内曲线下的面积较大，通过该面积，可以知道测量值落在该区域的概率相对较高。

4 那么即使从未测量到落在该区域内的数据……

……仍然可以根据该曲线下的面积来估计该区域内测量值的概率。

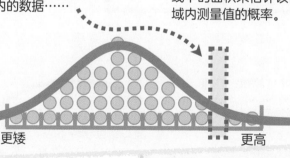

5 注：因为数据分为离散数据（下图左）和连续数据（下图右）……

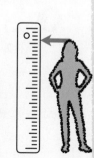

……所以相对应的有离散概率分布和连续概率分布。

那就让我们从离散概率分布开始吧。

离散概率分布：主要思想

1 问题：虽然从技术角度而言，直方图代表了离散概率分布，即数据被放入离散的间隔中，并且根据这些数据来估计概率……

……但是，这不但导致需要收集大量的数据，而且不便于处理直方图中的空白部分。

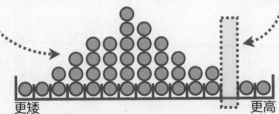

更矮　　　　　　　　更高

2 一个解决方案：当碰到离散数据时，与其通过收集大量数据绘制直方图，并且担心如何计算直方图中空白部分的概率，不如通过数学方程来解决这些棘手的问题。

3 离散概率分布中一个常见的分布是二项分布。

正如你所看到的，这是一个数学方程，因此不需要收集大量数据，但是，至少统计野人觉得这看起来很可怕！

$$p(x \mid n, p) = \left(\frac{n!}{x!(n-x)!} \right) p^x (1-p)^{n-x}$$

我看到这个二项分布就想逃之夭夭。

4 好消息是，二项分布本质上非常简单。在深入了解方程之前，让我们试着理解为何该方程如此有用。

统计野人，不要害怕。如果你继续学习下去，会发现其实没那么难。

1 首先，假设我们走在统计王国的大街上，询问街上遇到的三个人他们更喜欢南瓜派还是蓝莓派……

南瓜派

蓝莓派

2 ……前面两个人说他们更喜欢南瓜派……

……后面一个人说他更喜欢蓝莓派。

根据我们在统计王国里丰富的有关派的知识，知道70%的人喜欢南瓜派，而30%的人喜欢蓝莓派。现在来计算前面两个人喜欢南瓜派而后面一个人喜欢蓝莓派的概率。

3 第一个人喜欢南瓜派的概率是0.7……

……那么前两人都喜欢南瓜派的概率是0.49……

……那么前两人都喜欢南瓜派而第三个人喜欢蓝莓派的概率是0.147……

（呃！如果你不知道如何计算出这个数字，参阅附录A。）

（同样地，如果你不知道如何计算出这个数字，参阅附录A。）

0.7

$0.7 \times 0.7 = 0.49$

$0.7 \times 0.7 \times 0.3 = 0.147$

注：0.147是观测到前两人喜欢南瓜派而第三个人喜欢蓝莓派的概率……

……而不是3人中有2人喜欢南瓜派的概率。
让我们在下一页中探究两者的区别。

4 也有可能遇到第一个人说他更喜欢蓝莓派，而后面两个人说他们更喜欢南瓜派的情况。

这种情况下，就根据不同的顺序，把数字相乘，但最后的概率仍然是0.147（参阅附录A）。

$$0.3 \times 0.7 \times 0.7 = 0.147$$

5 同样地，如果第二个人说他喜欢蓝莓派而另外两个人喜欢南瓜派，那么还是根据不同的顺序，把数字相乘，最后的概率仍然是0.147。

$$0.7 \times 0.3 \times 0.7 = 0.147$$

6 因此，可以看到三种组合的概率完全相同……

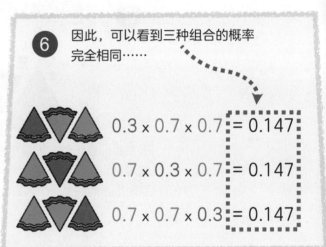

$$0.3 \times 0.7 \times 0.7 = 0.147$$
$$0.7 \times 0.3 \times 0.7 = 0.147$$
$$0.7 \times 0.7 \times 0.3 = 0.147$$

7 ……这意味着观测到3人中有2人喜欢南瓜派，另一人喜欢蓝莓派的概率等于上述3种概率的总和，即0.441。

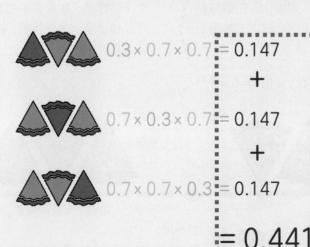

$$0.3 \times 0.7 \times 0.7 = 0.147$$
$$+$$
$$0.7 \times 0.3 \times 0.7 = 0.147$$
$$+$$
$$0.7 \times 0.7 \times 0.3 = 0.147$$
$$= 0.441$$

注：根据上例可以看出，如果要计算观测到3人中有2人喜欢南瓜派的概率，其实不难。需要做的就是把3人中有2人可能喜欢南瓜派的3种不同方式画出来，然后计算每种方式下的概率，最后把概率加起来。

8 然而，当我们开始询问更多人对派的偏好时，事情很快就变得非常枯燥且无聊。

例如，如果想要计算观测到的4人中有2人喜欢南瓜派的概率，那么就必须要计算并求和6种不同顺序的概率……

……如果是5人中有3人喜欢南瓜派，那么就有10种不同的顺序。

啊！把这么多美味的派都画出来，实在是太无聊了。

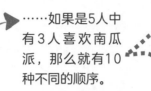

9 因此，与其把派的不同顺序都画出来，还不如通过二项分布的方程直接计算概率。

$$p(x \mid n, p) = \left(\frac{n!}{x!(n-x)!} \right) p^x (1-p)^{n-x}$$

下面将讲解如何使用二项分布来计算3人对派的偏好的概率。二项分布适用于任何具有二元结果的情形，如赢或输、是或否、成功或失败等。

 0.3 × 0.7 × 0.7 = 0.147

+

 0.7 × 0.3 × 0.7 = 0.147

+

 0.7 × 0.7 × 0.3 = 0.147

= 0.441

既然明白了为何二项分布方程如此有用，那就让我们一步一步地学习该方程如何计算3人中有2人喜欢南瓜派的概率。

1 首先，让我们关注方程的左边。

在派的例子中，x是喜欢南瓜派的人数，即$x=2$……

……n是被询问对派的偏好的人数，即$n=3$……

……p是喜欢南瓜派的概率，即$p=0.7$……

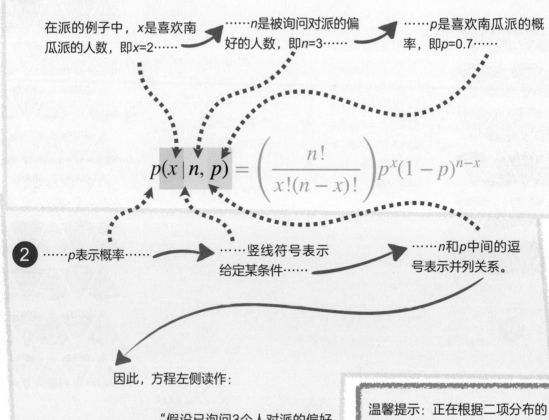

$$p(x \mid n, p) = \left(\frac{n!}{x!(n-x)!} \right) p^x (1-p)^{n-x}$$

2 ……p表示概率……

……竖线符号表示给定某条件……

……n和p中间的逗号表示并列关系。

因此，方程左侧读作：

$$p(x \mid n, p) =$$

"假设已询问3个人对派的偏好（$n=3$），以及某人喜欢南瓜派的概率是$p=0.7$，计算$x=2$个人喜欢南瓜派的概率。"

温馨提示：正在根据二项分布的方程来计算3人中有2人喜欢南瓜派的概率……

$0.3 \times 0.7 \times 0.7 = 0.147$

+

$0.7 \times 0.3 \times 0.7 = 0.147$

+

$0.7 \times 0.7 \times 0.3 = 0.147$

$= 0.441$

好好吃！好喜欢吃派！

3 现在让我们来看看方程右边的第一项。统计野人说这部分包括阶乘（即感叹号，详细内容请参考以下部分），看起来很可怕，但其实并非如此。

第一项代表了3人中有2人喜欢南瓜派的不同顺序……

……正如之前所讲，3人中有2人喜欢南瓜派一共有3种不同的顺序。

$$p(x \mid n, p) = \left(\frac{n!}{x!(n-x)!} \right) p^x (1-p)^{(n-x)}$$

4 将$x=2$（喜欢南瓜派的人数）……

……和$n=3$（被询问对派的偏好的人数）代入……

……可得3，与之前笔算的结果一致。

$$\frac{n!}{x!(n-x)!} = \frac{3!}{2!(3-2)!} = \frac{3!}{2!(1)!} = \frac{3 \times 2 \times 1}{2 \times 1 \times 1} = 3$$

注：如果x是喜欢南瓜派的人数，n是被询问对派的偏好的人数，那么$(n-x)$则为喜欢蓝莓派的人数。

温馨提示：正在根据二项分布的方程来计算3人中有2人喜欢南瓜派的概率……

嗨，正态恐龙，什么是阶乘啊？

阶乘用感叹号表示，是所有小于或等于该数的正整数之积。比如，$3!=3\times2\times1=6$。

$0.3 \times 0.7 \times 0.7 = 0.147$

$+$

$0.7 \times 0.3 \times 0.7 = 0.147$

$+$

$0.7 \times 0.7 \times 0.3 = 0.147$

$= 0.441$

5 现在让我们来看看方程右边的第二项。

第二项其实就是3人中有2人喜欢南瓜派的概率。

换句话说，因为喜欢南瓜派的概率是$p=0.7$……

……并且喜欢南瓜派的人数是$x=2$，所以第二项=$0.7^2=0.7\times0.7$。

$$p(x\,|\,n,\,p) = \left(\frac{n!}{x!(n-x)!}\right)p^x(1-p)^{n-x}$$

$0.3\times0.7\times0.7=0.147$

6 第三项，也就是最后一项代表了3人中有1人喜欢蓝莓派的概率……

……因为若p代表了喜欢南瓜派的概率，则$1-p$代表了喜欢蓝莓派的概率……

……如果x代表喜欢南瓜派的人数，以及n等于被询问对派的偏好的人数，那么$n-x$代表喜欢蓝莓派的人数。

$$p(x\,|\,n,\,p) = \left(\frac{n!}{x!(n-x)!}\right)p^x(1-p)^{n-x}$$

因此，在该例中，代入$p=0.7$，$n=3$，$x=2$，可得0.3。

$(1-p)^{n-x} = (1-\mathbf{0.7})^{3-2} = \mathbf{0.3^1} = \mathbf{0.3}$

有时候我们会令$q=(1-p)$，并使用q代替$(1-p)$。

温馨提示：正在根据二项分布的方程来计算3人中有2人喜欢南瓜派的概率……

$0.3\times0.7\times0.7=0.147$

+

$0.7\times0.3\times0.7=0.147$

+

$0.7\times0.7\times0.3=0.147$

= 0.441

7 既然已经学习了二项分布方程中每项的含义，那就把各部分拼在一起，求解3人中有2人喜欢南瓜派的概率。

首先代入喜欢南瓜派的人数$x=2$，被询问对派的偏好的人数$n=3$，以及喜欢南瓜派的概率$p=0.7$……

$$p(x=2 \mid n=3, p=0.7)=\left(\frac{n!}{x!(n-x)!}\right)p^x(1-p)^{n-x}$$

只需要代入求解……

$$=\left(\frac{3!}{2!(3-2)!}\right)\times 0.7^2\times(1-0.7)^{3-2}$$

（嘘！记住：第一项是对派的偏好的不同排列顺序，第二项是其中2人喜欢南瓜派的概率，最后一项是其中1人喜欢蓝莓派的概率。）

$$=3\times 0.7^2\times(0.3)^1$$

温馨提示：正在根据二项分布的方程来计算3人中有2人喜欢南瓜派的概率……

$$=3\times 0.7\times 0.7\times 0.3$$

$$=0.441$$

$0.3\times 0.7\times 0.7=0.147$

  $+$

$0.7\times 0.3\times 0.7=0.147$

  $+$

$0.7\times 0.7\times 0.3=0.147$

$=0.441$

……结果为0.441，即与之前画图得出的结果一致。

赞！赞！赞！

泊松分布：详解

1 迄今为止，我们学习了如何通过二项分布得到一系列二元结果的概率，比如，3人中有2人喜欢南瓜派，但是在很多其他场景下会有很多不同的离散概率分布。

2 举例来说，如果你平均每小时可以阅读10页，那么就可以用泊松分布来计算一小时里正好阅读8页的概率。

注：e代表自然常数，约等于2.72。

泊松分布的方程看起来超级复杂，因为方程里含有希腊字母λ，但是λ仅仅表示均值。因此在该例中，λ=10页/小时。

$$p(x \mid \lambda) = \frac{e^{-\lambda}\lambda^x}{x!}$$

x代表下一小时里可能阅读的页数，该例中，x=8。

3 现在可以代入数字并计算……

……可得0.113，即给定平均每小时读10页，下一小时正好阅读8页的概率是0.113。

$$p(x = 8 \mid \lambda = 10) = \frac{e^{-\lambda}\lambda^x}{x!} = \frac{e^{-10} \times 10^8}{8!}$$

$$= \frac{e^{-10} \times 10^8}{8 \times 7 \times 6 \times 5 \times 4 \times 3 \times 2 \times 1} = 0.113$$

赞！

我很高兴就在前面刚学会了阶乘！

统计野人，学得这么快，好厉害！

1 总结一下，可以通过直方图得到离散概率分布……

……虽然直方图很有用，但是需要耗时费力地收集大量数据，而且没有很好的方法来处理此处的空白部分。

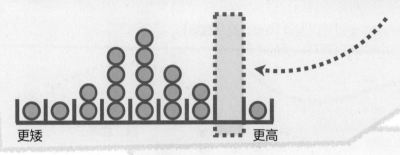

更矮　　　　　　　　　　更高

2 因此，通常会使用数学方程（比如二项分布）来替代直方图。

$$p(x \mid n, p) = \left(\frac{n!}{x!(n-x)!} \right) p^x (1-p)^{n-x}$$

二项分布适用于任何具有二元结果的情形，比如赢或输、是或否、成功或失败等。不过还有很多其他的离散概率分布。

3 举例来说，当事件发生在含有离散单位的时间或者空间中时（比如每小时阅读10页），可以使用泊松分布。

$$p(x \mid \lambda) = \frac{e^{-\lambda} \lambda^x}{x!}$$

4 对于许多其他类型的数据，还有别的离散概率分布。一般来说，方程看起来很吓人，但外表是具有欺骗性的。一旦知道了每个符号的含义，就可以轻松代入方程并计算了。

接下来让我们来学习连续概率分布。

赞！

连续概率分布：主要思想

1 问题：虽然直方图用于表示离散数据很有用，但是除了需要大量的数据，当遇到连续数据时，它还会存在以下两个问题：

1)没有很好的方法来处理此处的空白部分……

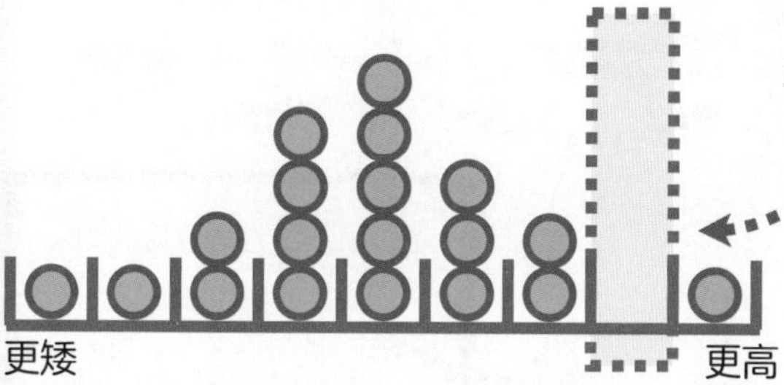

2)直方图对其间距的宽度非常灵敏。

更矮 更高

如果间距太宽，那么就丢失了精度……

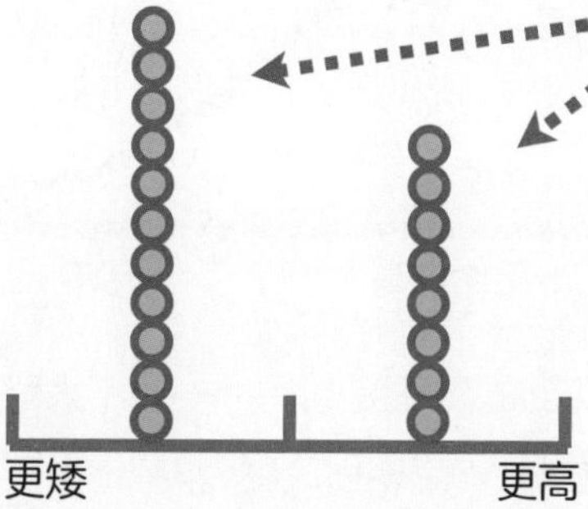

更矮 更高

……如果间距太窄，那么就看不到任何趋势……

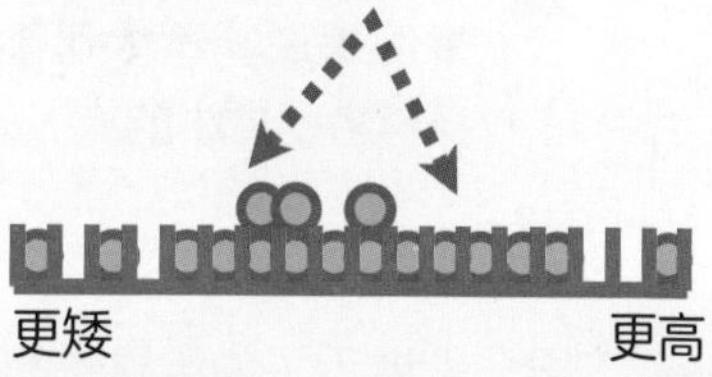

更矮 更高

2 一个解决方案：对于连续数据，可以通过使用连续概率分布以及数学公式来避免上述这些问题，如同之前所学的离散概率分布一样。

该例不使用直方图，取而代之的是使用钟形曲线的正态分布。正态分布的中间没有间隙，也不用调整间距的大小。

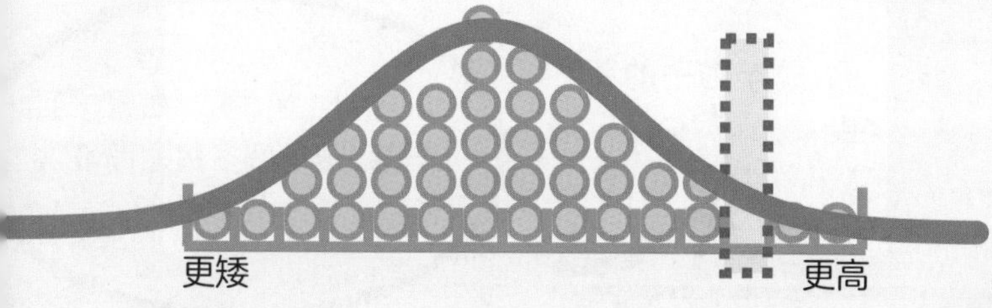

更矮 更高

有很多常用的连续概率分布。下面我们将讨论最有用的正态分布。

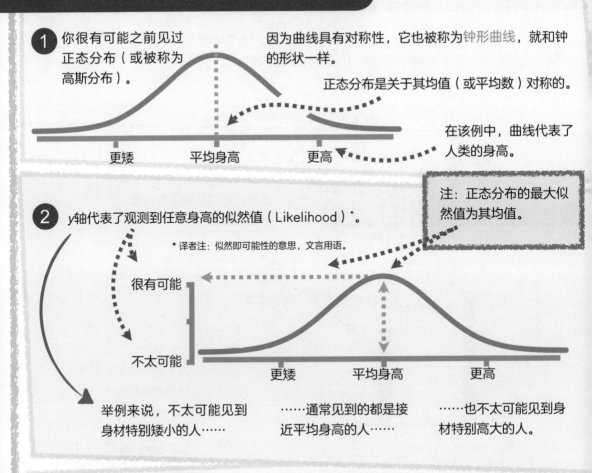

① 你很有可能之前见过正态分布（或被称为高斯分布）。

因为曲线具有对称性，它也被称为钟形曲线，就和钟的形状一样。

正态分布是关于其均值（或平均数）对称的。

在该例中，曲线代表了人类的身高。

下面是标签：更矮　平均身高　更高

② *y*轴代表了观测到任意身高的似然值（Likelihood）*。

* 译者注：似然即可能性的意思，文言用语。

注：正态分布的最大似然值为其均值。

很有可能

不太可能

更矮　平均身高　更高

举例来说，不太可能见到身材特别矮小的人……

……通常见到的都是接近平均身高的人……

……也不太可能见到身材特别高大的人。

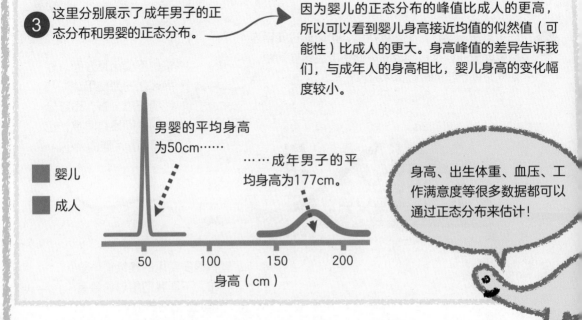

③ 这里分别展示了成年男子的正态分布和男婴的正态分布。

因为婴儿的正态分布的峰值比成人的更高，所以可以看到婴儿身高接近均值的似然值（可能性）比成人的更大。身高峰值的差异告诉我们，与成年人的身高相比，婴儿身高的变化幅度较小。

男婴的平均身高为50cm……

……成年男子的平均身高为177cm。

■ 婴儿
■ 成人

50　100　150　200

身高（cm）

身高、出生体重、血压、工作满意度等很多数据都可以通过正态分布来估计！

4 正态分布的幅度由其标准差决定。
在该例中，婴儿的标准差为1.5，小于成年人的标准差10.2。

■ 婴儿
■ 成年人

婴儿相对较小的标准差
导致其正态分布的曲线
既高且窄……

……相比较而言，成年人
正态分布的曲线矮而宽。

50　　　　100　　身高（cm）　150

5 标准差非常有用，因为正态分布中
大约95%的测量值落在均值±2个标
准差以内。

因为男婴的身高均值为50cm，
所以2×标准差=2×1.5=3，大
约95%的男婴身高落在47cm至
53cm以内。

因为成年男子的身高均值为
177cm，所以2×标准差=
2×10.2=20.4，大约95%的
成年男子身高落在156.6cm
至197.4cm以内。

绘制正态分布图时，你需要知道：
1)均值或平均数：曲线的中心在哪
里。
2)标准差：曲线是高高瘦瘦的还是
矮矮胖胖的。
如果你还不知道均值或标准差的概
念，可以参阅附录B。

* 译者注：英语中的一语双关，正态分布中
的正态在英文中为normal，也有正常的意思。

赞！

嗨，正态恐龙，你
能告诉我高斯是一
个什么样的人吗？

统计野人，他是
一个正常人*！

1 正态分布的方程看上去很吓人，但和别的方程一样，都是把数字代入方程后计算而已。

$$f(x \mid \mu, \sigma) = \frac{1}{\sqrt{2\pi\sigma^2}} e^{-(x-\mu)^2/2\sigma^2}$$

2 为了了解正态分布的计算原理，让我们计算一下50cm身高男婴的似然值（即y值）。

因为该分布的均值也是50cm，所以需要计算的是对应曲线最高点的y值。

50
身高（cm）

$$f(x \mid \mu, \sigma) = \frac{1}{\sqrt{2\pi\sigma^2}} e^{-(x-\mu)^2/2\sigma^2}$$

x即x轴上的数值。因此在该例中，x轴代表身高，也就是x=50。

希腊字母μ代表分布的均值，这里μ=50。

最后，希腊字母σ代表分布的标准差，这里σ=1.5。

$$f(x = 50 \mid \mu = 50, \sigma = 1.5) = \frac{1}{\sqrt{2\pi\sigma^2}} e^{-(x-\mu)^2/2\sigma^2}$$

$$= \frac{1}{\sqrt{2\pi \times 1.5^2}} e^{-(50-50)^2/(2\times 1.5^2)}$$

现在进行运算即可……

$$= \frac{1}{\sqrt{14.1}} e^{-0^2/4.5}$$

……可得曲线的最高值（y轴上的似然值）为0.27。

$$= \frac{1}{\sqrt{14.1}} e^{0} = \frac{1}{\sqrt{14.1}} \quad \boxed{= 0.27}$$

这里请记住方程的结果（y值）是似然值，而不是概率。第7章将会学习似然值在朴素贝叶斯中的应用。现在让我们回到连续概率分布概率的计算，请看下一页……

连续概率分布概率的计算：详解

1 对于连续概率分布而言，概率是两点之间曲线以下的面积。

打个比方，给定均值为155.7，以及标准差为6.6的正态分布，得到测量身高在142.5cm和155.7cm之间的概率……

身高（cm）

……等于该条曲线以下的面积，在该例中等于0.48。
也就是说，在该范围内测量到某人身高的概率为0.48。

2 无论分布是高高瘦瘦的……

……还是矮矮胖胖的……

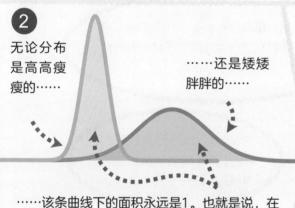

……该条曲线下的面积永远是1。也就是说，在可能值范围内测量到所有值的概率之和为1。

3 有两种方法用于计算两点之间曲线下的面积：

1）复杂的方法是解区间[a,b]上的定积分。

$$\int_a^b f(x) \; \mathrm{d}x$$

啊！没人会真的去解定积分的！

2）简单的方法是通过计算机直接计算。参阅附录C里的一系列命令。

面积=0.48

4 连续概率分布中令人困惑的一点是特定测量值所对应的似然值（比如155.7）是大于0的y值……

似然值=

……但是特定测量值所对应的概率却永远是0。

一种理解特定值的概率是0的方法是记住概率就是面积，因此没有宽度的面积永远是0。

142.5 cm   155.7 cm   168.9 cm

另一种理解方式是意识到连续概率分布具有无限的精度，这样实际上是在求一个人的身高恰巧等于
**155.700000000000000000000000000000000000000000000000000000000
0000000000000000000000000000000000000000000000000000000**…的概率。

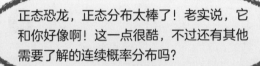

正态恐龙，正态分布太棒了！老实说，它和你好像啊！这一点很酷，不过还有其他需要了解的连续概率分布吗？

当然啦，统计野人！我们应当了解指数分布和均匀分布。

1 指数分布通常适用于想要了解事件之间的时间间隔的情况，例如看书时翻页需要多少时间。

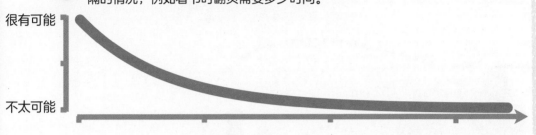

很有可能

不太可能

2 均匀分布通常适用于生成随机数，其中每个随机数被取到的可能性相等。例如，若要生成0到1之间的随机数，则通过生成0到1之间的均匀分布来实现，也被称为[0,1]均匀分布，其中0到1之间的每个值都是等可能出现的。

反之，若要生成0到5之间的随机数，则通过0到5之间的均匀分布来实现，也被称为[0,5]均匀分布。

均匀分布可以跨越任意两个数，因此，[1,3.5]均匀分布也是可以实现的。

```
0    1        0              5        0  1      3.5    5
```

注：因为0到1的距离比0到5的距离更短，所以[0,1]均匀分布上任意值所对应的似然值都高于[0,5]均匀分布上的似然值。

通过分布生成随机数

我们可以通过计算机生成随机数，以反映任何分布的似然值。在机器学习中，通常需要在使用训练数据来训练算法之前，生成随机数用于初始化算法。随机数也适用于数据的随机排序，这与打牌前洗牌的原因是一样的，即需要确保一切都是随机的。

连续概率分布：总结

1 和离散概率分布一样，使用连续概率分布避免了需要为绘制直方图而收集大量数据的工作……

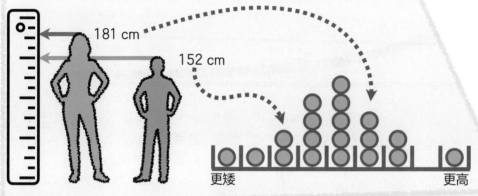

181 cm

152 cm

更矮　　　　　更高

2 ……除此之外，使用连续概率分布也省去了决定间距宽度的步骤。

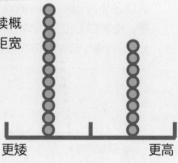

更矮　　　　　更高

VS

更矮　　　　　更高

3 反之，连续概率分布通过方程来代表平滑曲线，提供了所有可能的测量值对应的似然值以及概率。

$$f(x \mid \mu, \sigma) = \frac{1}{\sqrt{2\pi\sigma^2}} e^{-(x-\mu)^2/2\sigma^2}$$

4 与离散分布一样，各种类型的数据都可能呈现连续分布，比如测量身高的数据或者阅读本页所花费时间的数据。

在机器学习中，可以通过这两类分布来创建可预测的模型。
让我们讨论一下什么是模型以及如何使用它们。

模型：主要思想1

1 问题：虽然可以投入大量的时间和金钱来构建精准的直方图……

更矮   更高

但是通常来讲，收集世界上所有的数据是不可能的。

更矮   更高

更矮   更高

2 一个解决方案：统计模型、数学模型或者机器学习模型是对现实的近似具有广泛的应用。

还有一种经常使用的模型是直线方程。这里使用蓝色直线对体重与身高的关系进行建模。

概率分布就是对具有无限数据的直方图进行近似的一种模型。

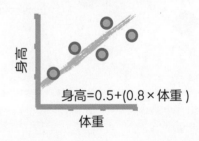

身高=0.5+(0.8×体重)

更矮   更高

3 在第1章里讲到模型是需要训练数据的。用机器学习的术语来说，就是通过训练机器学习算法来建模。

身高=0.5+(0.8×体重)

纵轴：身高　横轴：体重

4 模型或者方程可以预测未经测量的人有多高。

例如，如果想要知道这个体重的人有多高……

……那么可以把体重代入方程计算身高……

身高=0.5+(0.8×体重)
身高=0.5+(0.8×2.1)
身高=2.18

可得2.18。

5 因为通过模型得到的是近似值，所以衡量其预测的质量就变得十分重要。

这些绿线代表模型预测值与实际数值之间的距离。

很多统计量*都致力于量化模型预测的质量。

6 总结：

1) 模型是对现实的近似表示，用于发现变量间的关联并做出预测。
2) 在机器学习中，通过训练数据来训练机器学习算法并建模。
3) 统计量用于检测模型是否有用或是否可信。

* 译者注：统计量是统计学的一个专业术语。统计量是样本测量的一种属性（例如，平均数或标准差都是统计量）。它是通过对数据集进行某种函数的运算后得到的值。

让我们看一下统计量是如何量化模型质量的。第一步是学习残差平方和，这将是一个贯穿全书的概念。

1 问题：假设有一个可用于预测的模型，比如通过体重预测身高，但是现在需要量化模型及其预测的质量。

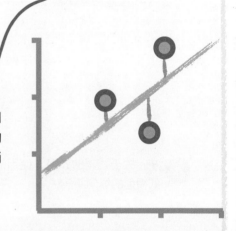

身高

体重

2 一个解决方案：一种解决量化问题的方法是计算残差平方和（Sum of the Squared Residuals，SSR）。

顾名思义，首先计算残差，即观测值与模型预测值的差值。

在图像上，残差可以用绿线来表示。

残差 = 观测值 − 预测值

通常来讲，残差越小，表示模型与数据的拟合越好。因此，通过比较模型之间残差的总和，可以比较模型间的拟合程度。然而在计算总和时，蓝线以下的残差会抵消掉蓝线以上的残差！

因此，更好的方法是先计算残差的平方，再进行加总，获得残差平方和，而不是直接计算残差总和。

残差平方和（SSR）

通常用求和符号来表示，其方程右边读作："所有观测值与预测值差值的平方和。"

n是观测值的数量。

Σ符号即为求和符号。

i是下标符号，表示观测值的序列，比如$i=1$的意思是第1个观测值。

$$SSR = \sum_{i=1}^{n} (观测值_i - 预测值_i)^2$$

注：相较于取绝对值，取平方的优势在于求导的便捷，在第5章讲解梯度下降的时候会派上用场。

3 迄今为止，我们只是学习了简单直线模型的SSR，但其实SSR适用于任何模型。

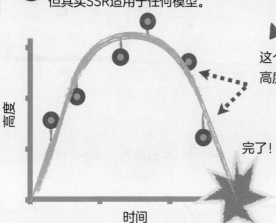

这个例子是关于SpaceX公司的SN9火箭发射高度和发射时间的残差……

……这个例子是关于降雨量正弦模型的残差。有些月份的降雨量要大于其他月份，随时间呈现周期性。如果能够计算残差，就能够计算其平方并求和。

完了！

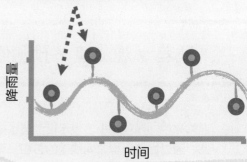

4 注：关于残差的计算，使用的是到模型的纵向距离……

……而不是最短距离，即垂直距离……

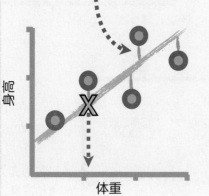

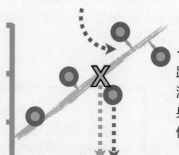

……因为垂直距离会导致观测身高和预测身高所对应的体重不一致。

反之，若使用纵向距离，则观测身高和预测身高所对应的体重是一致的。

了解了SSR的主要思想后，现在让我们通过一个具体案例，学习如何计算SSR吧。

1 在该例中有3个观测值，即 $n=3$。这里把求和符号展开成3项分别讨论。

残差平方和(SSR) $= \sum_{i=1}^{n}$ (观测值$_i$−预测值$_i$)^2

观测值 ┅┅▶
预测值 ┅┅▶
残差 ▮

$i=1$ 的残差，即第1个观测值所对应的残差是……

$(1.9-1.7)^2$

2 把求和符号展开后，将每个观测值所对应的残差代入。

SSR = (观测值$_1$−预测值$_1$)^2 +

(观测值$_2$−预测值$_2$)^2 +

(观测值$_3$−预测值$_2$)^2

$i=2$ 的残差，即第2个观测值所对应的残差是……

$(1.6-2.0)^2$

3 经过计算，可得残差平方和（SSR）等于0.69。

$= (1.9-1.7)^2 + (1.6-2.0)^2 + (2.9-2.2)^2$

$= 0.69$

$i=3$ 的残差，即第3个观测值所对应的残差是……

$(2.9-2.2)^2$

赞！

别误会，SSR是很厉害的，但它存在一个很大的问题，我们会在下一页讨论。

均方误差（MSE）：主要思想

1 问题：虽然残差平方和（SSR）很厉害，但它有时不适用于解读数据，因为它在某种程度上取决于数据量的大小。

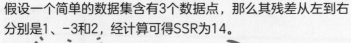

假设一个简单的数据集含有3个数据点，那么其残差从左到右分别是1、-3和2，经计算可得SSR为14。

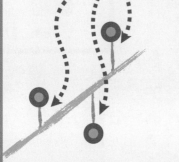

现在假设有另一个数据集，它在第一个数据集的基础上包含了2个额外的数据点，多出来的两个残差分别为-2和2，那么SSR会增加至22。

然而，SSR从14增加到22并不意味着第二个模型对包含更多数据的数据集的拟合程度比第一个模型差。这个结果仅能说明对于具有更多数据的模型而言，它的残差会更大。

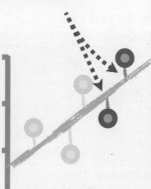

2 一个解决方案：如果需要比较两种模型对不同规模的数据集的拟合程度，有一种方法是计算均方误差（Mean Squared Error，MSE），即SSR的均值。

$$均方误差（MSE）= \frac{残差平方和（SSR）}{观测次数n}$$

$$= \sum_{i=1}^{n} \frac{（观测值_i - 预测值_i）^2}{n}$$

1 让我们来看一下如何计算两个数据集的MSE。

$$均方误差（MSE）= \frac{SSR}{n} = \sum_{i=1}^{n} \frac{（观测值_i - 预测值_i）^2}{n}$$

2 第一个数据集仅包含3个点，对应的SSR=14，所以均方误差(MSE)=14/3=4.7。

第二个数据集包含5个点，对应的SSR增加至22，所以均方误差(MSE)=22/5=4.4，MSE反而降低了一点。

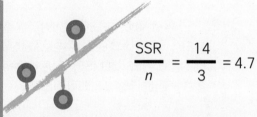

$$\frac{SSR}{n} = \frac{14}{3} = 4.7$$

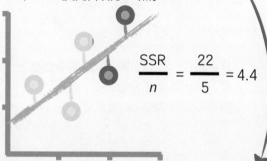

$$\frac{SSR}{n} = \frac{22}{5} = 4.4$$

因此，不同于SSR会随着模型中数据量增加而增加，MSE的增加或减少取决于平均残差，可以更好地反映模型的总体表现。

3 但是，MSE的大小取决于数据的单位，因此仅靠MSE本身仍难以解释模型预测的质量。

比如，如果y轴的单位是毫米（mm），对应的残差分别为1、−3和2，则MSE为4.7。

但是，如果把y轴的单位改为米（m），那么完全相同的数据所对应的残差缩小至0.001、−0.003和0.002，MSE则为0.0000047，实在太小了！

而好消息是，可以通过SSR和MSE计算R^2，R^2独立于数据集的大小和单位。请在下一页继续学习。

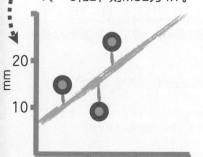

R^2：主要思想

1 问题：正如刚才看到的，MSE虽然很酷，但很难解释模型预测的质量，因为它在某种程度上取决于数据的单位。

在该例中，把单位从毫米改成米会造成MSE的大幅度下降。

MSE = 4.7

MSE = 0.0000047

2 一个解决方案：R^2作为一个通俗易懂的指标，独立于数据集的大小和单位。

具体来说，先以y值均值的水平线建模，并计算其SSR或MSE，该例计算的是平均身高的SSR或MSE……

……再计算所关注模型的SSR或MSE，该例计算的是用体重预测身高的蓝线的SSR或MSE。最后把两者放在一起进行比较，即可得出R^2。

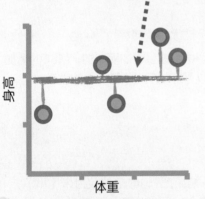

身高

体重

身高

体重

R^2给出的是以均值做预测的条件下，模型预测可以改进的百分比。

该例中R^2解释了相较于预测大家都是平均身高，使用通过体重预测身高的蓝线，预测能力会提高多少。

R^2值的范围在0到1之间，可以作为百分比使用。如果R^2越接近1，那么相对于y值的平均值，模型与数据的拟合程度越高。

在学习了主要思想之后，让我们来更深入地了解细节。

海盗最喜欢的统计量是什么？

R^2！ *

* 译者注：英文中的谐音梗，海盗的英文是Pirate，也是英语里圆周率的谐音（Pi-rate），而圆的面积公式为πr^2。

1 首先需要计算的是均值的残差平方和，这里的SSR称为SSR(均值)。该例中的平均身高为1.9，经计算可得SSR(均值) = 1.6。

（纵轴：身高，横轴：体重）

$$SSR(均值) = (2.3 - \mathbf{1.9})^2 +$$
$$(1.2 - \mathbf{1.9})^2 + (2.7 - \mathbf{1.9})^2 +$$
$$(1.4 - \mathbf{1.9})^2 + (2.2 - \mathbf{1.9})^2$$

$$= 1.6$$

2 接下来需要计算拟合线的SSR，即SSR(拟合线)，可得其值为0.5。

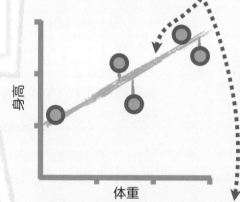

（纵轴：身高，横轴：体重）

注：给定相同的数据集，拟合线的残差小于均值的残差，意味着拟合线的预测优于均值的预测。

$$SSR(拟合线) = (1.2 - \mathbf{1.1})^2 + (2.2 - \mathbf{1.8})^2 + (1.4 - \mathbf{1.9})^2 +$$
$$(2.7 - \mathbf{2.4})^2 + (2.3 - \mathbf{2.5})^2$$

$$= 0.5$$

3 现在可以通过一个非常简单的公式计算R^2 *。

* 译者注：SSR(均值)也被称为总平方和（Total Sum of Square）缩写为TSS、SST或SS_{tot}。SSR(拟合线)的其他缩写为SSR、RSS或SS_{res}。

$$R^2 = \frac{SSR(均值) - SSR(拟合线)}{SSR(均值)}$$

$$= \frac{1.6 - 0.5}{1.6}$$

$$= 0.7$$

其结果为0.7，意味着均值的残差大小相较于拟合线的残差大小减少了70%。

4 通常来说，因为R^2的分子……

$$SSR(均值) - SSR(拟合线)$$

……表示通过直线模型拟合后SSR减少的量。因此R^2值代表了使用拟合线时，均值残差减少的百分比。

当SSR(均值)=SSR(拟合线)时，两个模型（均值和拟合线）的预测都一样好（或者一样坏），因此R^2=0。

$$\frac{SSR(均值) - SSR(拟合线)}{SSR(均值)}$$

$$= \frac{0}{SSR(均值)} = 0$$

当SSR(拟合线)=0时，意味着拟合线与数据完美拟合，因此R^2=1。

$$\frac{SSR(均值) - 0}{SSR(均值)} = \frac{SSR(均值)}{SSR(均值)} = 1$$

⑤ 注：任意两个随机数据点的$R^2=1$……

$$R^2 = \frac{SSR(均值) - SSR(拟合线)}{SSR(均值)}$$

……因为不管均值的残差是多少……

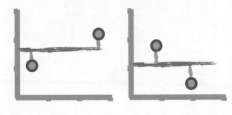

$$\frac{SSR(均值) - 0}{SSR(均值)}$$

$$= \frac{SSR(均值)}{SSR(均值)} = 1$$

……拟合线的残差永远是0……

……从方程上看，也就是SSR(均值)自身相除，等于1。

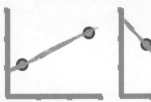

由于少量的随机数据可能会有较高的R^2值（接近1），因此每当碰到小数据集时，很难相信高R^2值不是由于随机性而导致的。

⑥ 如果使用随机编号生成大量数据，比如看起来像这样……

那么对应的R^2值会比较小（接近0），因为其均值的残差……

……和拟合线的残差非常相似。

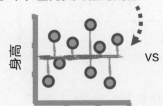

VS

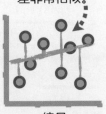

身高

编号 　　　 编号 　　　 编号

⑦ 相反，如果在大量数据中看到这样的趋势……

……直觉上可以更确信高R^2值不是由于随机性而导致的，因为数据并不像我们想象的那样随机分散。

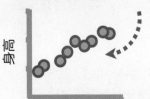

身高

体重

VS

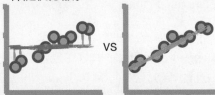

统计学家从不停留于表面，他们采用p值量化对R^2值的置信程度，以及其他方法汇总数据。我们稍后会讨论p值，但先学习如何使用均方误差（MSE）计算R^2。

通过均方误差（MSE）计算R^2：详解

之前都是通过残差平方和（SSR）来计算R^2的，但是通过均方误差（MSE）计算R^2也同样简单。

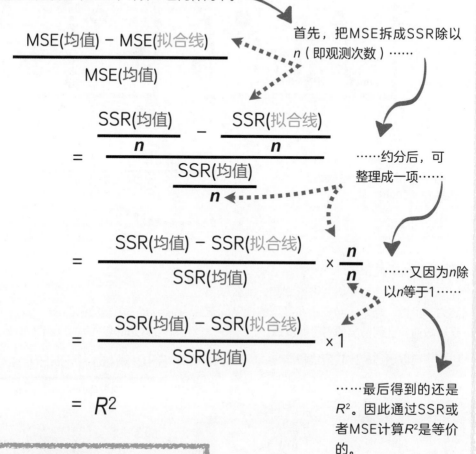

首先，把MSE拆成SSR除以n（即观测次数）……

$$\frac{MSE(均值) - MSE(拟合线)}{MSE(均值)}$$

……约分后，可整理成一项……

$$= \frac{\dfrac{SSR(均值)}{n} - \dfrac{SSR(拟合线)}{n}}{\dfrac{SSR(均值)}{n}}$$

$$= \frac{SSR(均值) - SSR(拟合线)}{SSR(均值)} \times \frac{n}{n}$$

……又因为n除以n等于1……

$$= \frac{SSR(均值) - SSR(拟合线)}{SSR(均值)} \times 1$$

……最后得到的还是R^2。因此通过SSR或者MSE计算R^2是等价的。

$$= R^2$$

温馨提示：

残差 = 观测值 − 预测值
SSR = 残差平方和

$$SSR = \sum_{i=1}^{n} (观测值_i - 预测值_i)^2$$

均方误差$(MSE) = \dfrac{SSR}{n}$，其中n为样本量。

$$R^2 = \frac{SSR(均值) - SSR(拟合线)}{SSR(均值)}$$

既然现在学会了两种计算R^2的方法，那就让我们在下一页进行常见的提问回答环节吧！

R^2：提问回答环节

我们总是用R^2比较均值和拟合线吗？

通常如此。然而，可以通过任何残差平方和适用的数据来计算R^2。例如，对于降雨量的数据，可以使用R^2来比较方形波和正弦波。

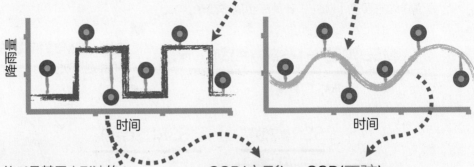

该例中的R^2是基于方形波的残差平方和，以及正弦波的残差平方和计算得出。

$$R^2 = \frac{SSR(方形) - SSR(正弦)}{SSR(方形)}$$

R^2可以是负数吗？

如果只是用拟合线和均值进行比较，那么R^2肯定为非负数。但是，当在不同类型的模型间进行比较时，任何情况都有可能发生。

比如，可以通过R^2比较直线和抛物线······

······可得负值的R^2，即-1.4，这意味着残差上升了140%。

$$R^2 = \frac{SSR(直线) - SSR(抛物线)}{SSR(直线)}$$

$$R^2 = \frac{5 - 12}{5} = -1.4$$

SSR(直线) = 5

SSR（抛物线）= 12

赞！

R^2和皮尔逊相关系数有关系吗？

是的！皮尔逊相关系数标记为ρ或者r，用于量化两件事情之间的关联情况。该系数的平方等于R^2，即：

$$\rho^2 = r^2 = R^2$$

现在我们也应该知道R^2的名字从何而来了。

现在让我们聊一聊p值！

1 问题：需要量化分析结果的可信程度。

2 一个解决方案：p值度量了统计分析结果的可信程度。

药物A vs 药物B

设想有两种抗病毒药物A和B，想要了解两者的药效有何不同。

第1名患者服用了药物A，治愈了……

……第2名患者服用了药物B，没有治愈。

注：在整个关于p值的描述中，我们只关注两种药物的药效是否不同。如果p值确保两者间存在差异，才可以继续确认两种药物的药效孰优孰劣。

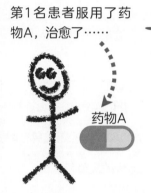

药物A

药物B

可以得出两种药物的药效不同吗？

当然不行！药物B无效的原因可能有很多，也许这名患者正在服用的另外一种药物会和药物B有不良的相互作用，或者他对药物B有罕见的过敏反应，或者他没有正确地服用药物B，少服了一次。

又或者药物A根本不起作用，所有的功劳都来自安慰剂效应。

在做测试时可能会发生很多奇怪且随机的事件，因此每种药物需要在不止一名患者身上做测试。

3 因此，在许多患者身上重新做实验，结果如下：很多人服用了药物A后被治愈了，而药物B几乎没有治愈任何人。

药物A

治愈！	没治愈
1043	3

药物B

治愈！	没治愈
2	1432

很明显，两者的药效是不同的。如果还认为该结果是随机导致的，两者的药效没有真正的区别，那么这是不切实际的。

当然，有可能会发生一些服用药物A的患者实际上是安慰剂效应，而一些服用药物B的患者因为罕见的过敏反应而没被治愈的情况，但可以看到有太多的人服用了药物A后被治愈了，而在药物B中鲜有发生。因此，如果还认为结果是随机导致的，两者的药效没有真正的区别，那么也未免太斤斤计较了。

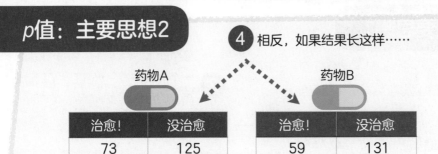

④ 相反，如果结果长这样……

药物A

治愈！	没治愈
73	125

药物B

治愈！	没治愈
59	131

……服用药物A的患者中有37%被治愈了，而服用药物B的患者中有31%。

相较于药物B，药物A治愈了更高比例的人，但考虑到没有任何研究是完美的，总会有一些随机事件发生，那么对于两种药物的药效具有差异这一结论的可信程度有多少呢？

这就是p值体现作用的地方。p值是介于0和1之间的数字，该例中p值量化了两种药物的药效具有差异这一结论的可信程度。p值越接近0，上述结论的可信程度就越高。

问题是，"需要多小的p值，才能确信两种药物的药效具有差异？"

换句话说，确信两种药物的药效具有差异的阈值是多少？

⑤ 在实践中，一个常用的阈值是0.05。也就是说，如果药物A和药物B没有区别，并且假设已经重复多次同样的实验，那么只有5%的实验会导致做出错误的决定。

是的！这句话很拗口。因此，让我们通过一个例子，循序渐进地理解其含义。

⑥ 设想将相同的药物A给到两个不同的组，

药物A   vs   药物A

那么所有两者具有差异的结果都可以确定地归因于奇怪且随机的事件，比如有人有罕见的过敏反应，或者另一个人有强烈的安慰剂效应。

使用统计检验计算这些数据的p值（比如费希尔精确检验（Fisher's Exact Test），但本书不会介绍具体原理），可得0.9，大于0.05。即没有看到两组之间有差异。显而易见，两组患者都服用药物A，差异肯定来自奇怪且随机的事件，比如罕见的过敏反应。

药物A

药物A

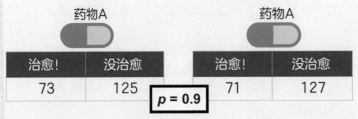

治愈！	没治愈
73	125

治愈！	没治愈
71	127

p = 0.9

药物A   药物A

治愈！	没治愈		治愈！	没治愈
73	125		71	127

p = 0.9

⑦ 若多次重复相同的实验，则大多数情况下会得到相似的*p*值……

治愈！	没治愈		治愈！	没治愈
71	127		72	126

p = 1

治愈！	没治愈		治愈！	没治愈
75	123		70	128

p = 0.7

⋮   ⋮   ⋮

治愈！	没治愈		治愈！	没治愈
69	129		71	127

_p_ = 0.9

⑧ 然而，每隔一段时间，会因为一些偶然因素，所有患有罕见过敏症的人可能都分在了左边的那一组……

药物A   药物A

治愈！	没治愈
60	138

30% 治愈

治愈！	没治愈
84	114

42% 治愈

相同地，所有有强烈（正向）安慰剂效应的患者可能都分在了右边的那一组……

那么对于这个实验，因其结果过于特殊，所以对应的*p*值为0.01（通过费希尔精确检验，但本书不会介绍具体原理）。

其*p*值小于0.05（假设使用0.05作为阈值用于决策判断）。因此，即使两组患者都使用同一药物，我们还是认为两组之间存在差异。

> **术语解释！**
> 得到很小的*p*值，但实际却不存在差异的情况被称为假阳性。

设定*p*值的阈值为0.05，意味着5%的实验会产生小于0.05的*p*值，并且这些实验中唯一的差异来自奇怪且随机的事件。

换句话说，即使药物A和药物B之间没有差异，5%的实验依然会得到小于0.05的*p*值，这便是假阳性。

9 如果药物存在差异这一结论的正确性极其重要，那么可以采用更小的阈值，如0.01、0.001或更小。

使用0.001的阈值意味着每1000次实验中只有1次会出现假阳性。

同样，如果事件本身没那么重要（例如需要决定冰淇淋车是否会准点到达），那么可以采用更大的阈值，如0.2，即10次实验中会出现2次假阳性。

也就是说，0.05作为最常见的阈值的原因是试图将假阳性数量减少到5%以下的成本往往高于其价值本身。

10 现在回到最初的实验：比较药物A和药物B……

药物A

治愈！	没治愈
73	125

药物B

治愈！	没治愈
59	131

……如果该实验的*p*值小于0.05，那么可以认定两种药物的药效有差异。

也就是说，因为本次实验的*p*值结果为0.24（再次通过费希尔精确检验），所以两种药物的药效存在差异这一结论的可信程度并不高。

术语解释！

用复杂的统计学术语来说，试图确定药物的药效是否相同被称为假设检验。
原假设是两种药物的药效相同，*p*值用于确定是否应该拒绝原假设。

11 虽然小的p值可以帮助确定两种药物的药效是否存在差异，但它并没有告知两者之间的差异有多大。

换句话说，无论两种药物之间的差异或大或小，p值都可以很小。例如在该实验中，虽然两种药物之间的药效存在6%的差异。但其p值相对较大，等于0.24。

药物A

治愈！	没治愈
73	125

37% 治愈

药物B

治愈！	没治愈
59	131

31% 治愈

反之，在另外一个实验中，虽然两种药物之间的药效仅有1%的差异，但该实验因其包含更多的患者，所对应的p值反而更小，为0.04。

药物A

治愈！	没治愈
5005	9868

34% 治愈

药物B

治愈！	没治愈
4800	9000

35% 治愈

12 总之，较小的p值并不意味着效应量（即两种药物间的治愈率差异）会更大。

现在理解了p值的主要思想，让我们来总结一下本章的主要思想。

赞！赞！

统计学的基本概念：总结

1 通过直方图，可以看出数据的趋势。第7章将通过直方图来使用朴素贝叶斯方法进行分类。

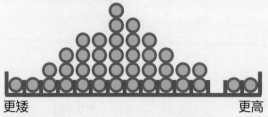

更矮　　　　　　　　　　更高

2 然而，直方图有其自身的局限性（需要大量数据，并且间隔内可能有空缺），因此也可以采用概率分布来展现数据的趋势。第7章将通过概率分布来使用朴素贝叶斯方法进行分类。

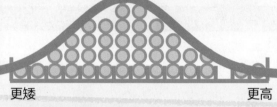

更矮　　　　　　　　　　更高

3 与其满世界耗时费力地收集数据，还不如通过模型对现实进行近似。直方图和概率分布都是可用于预测的模型代表。也可以将数学公式用于预测，比如蓝色直线代表的方程。

在本书中，我们会通过机器学习建模来进行预测。

身高=0.5+(0.8×体重)

（纵轴：身高，横轴：体重）

4 可以用残差平方和（SSR）、均方误差（MSE）以及R^2来评估模型对数据的拟合程度。这些指标将贯穿全书。

残差 = 观测值 − 预测值
SSR = 残差平方和

$$SSR = \sum_{i=1}^{n} (观测值_i - 预测值_i)^2$$

均方误差(MSE)=$\dfrac{SSR}{n}$，其中n为样本量。

$$R^2 = \frac{SSR(均值) - SSR(拟合线)}{SSR(均值)}$$

5 最后，通过p值量化了模型预测的可信程度。第4章介绍线性回归时也将用到p值。

赞！赞！赞！

好极啦！

接下来让我们学习线性回归。

第4章

线性回归

线性回归：主要思想

1 问题：假设收集了5个人的身高和体重的连续数据，并且希望通过体重来预测身高……

……在第3章我们学习了如何通过数据的拟合线来预测。

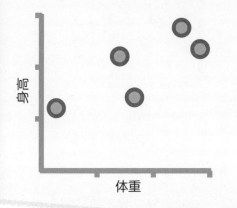

然而，该如何构建拟合线？又该如何计算拟合线的 p 值？其中 p 值的作用是量化相较于 y 值均值的预测，拟合线预测的可信度的增量。

2 一个解决方案：通过对数据进行线性回归（Linear Regression），找到一条直线用于拟合数据，使其残差平方和（SSR）最小……

……一旦找到了拟合线，就可以轻松计算 R^2，也就可以知道预测的精确程度……

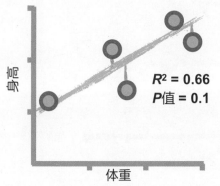

$R^2 = 0.66$
P值 = 0.1

……线性回归也提供 R^2 对应的 p 值，这样也就可以知道相较于采用 y 值均值做出的预测，拟合线预测是否具有更高的可信程度。

注：线性回归是线性模型的基础，线性模型是比简单的拟合线更高阶的模型。

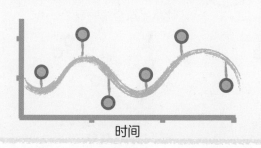

赞！

拟合线：主要思想

① 设想图中有体重和身高的数据……

……并且希望用体重来预测身高。

② 因为体重通常与身高成正比关系，所以若拟合直线如下图所示，则其预测能力非常糟糕。

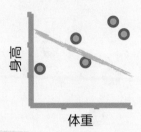

③ 可以通过残差来量化这个预测的糟糕程度，其中残差等于预测身高和观测身高的差值……

……并且通过残差计算残差平方和（SSR）。

然后可以把所得的SSR在图中标明，其中SSR在y轴上，不同的拟合线在x轴上*。

④ 这是一条水平拟合线，和之前的拟合线相比，它有着不同的斜率与y轴截距，它的残差以及SSR都更小……

⑤ 在这张图中，x轴所对应的是不同拟合线，y轴对应其SSR。可以看到不同的拟合线斜率与y轴截距，可以改变SSR的大小。线性回归正是选择了一条可以使SSR最小的拟合线。

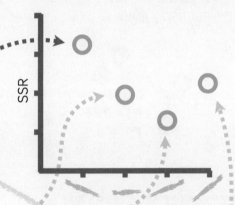

* 译者注：此处随机选取了4条拟合线（具有不同的斜率和截距）并标记在x轴上，计算其对应的SSR标记在y轴。即x轴并不具备数值意义，而更应该类似条形图。

……这条拟合线的残差和SSR甚至比水平拟合线的更小……

……这条拟合线的残差和SSR比水平拟合线的更大……

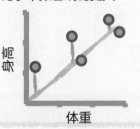

拟合线：直观部分

1 如果保持拟合线的斜率不变，那么就可以观察到SSR是如何随着不同y轴截距的变化而变化的……

……在这种情况下，线性回归的目标就变成了找到合适的y轴截距使得SSR最小，即找到图中曲线的最低点。

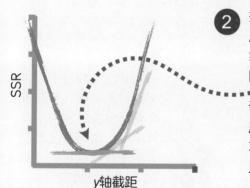

2 找到曲线最低点的一种方法是对该曲线求导，然后令该导数等于0，并求解，最后所得解即为曲线的最低点。（注：如果对导数不熟悉，请参阅附录D。）

该方程的解即为解析解，意味着将数据代入公式后所得的结果即为最优值。存在解析解的机器学习算法是很理想的（比如线性回归），但这很少见，只有在特定情况下才能得到解析解。

3 另一种找到最优斜率与y轴截距的方法是梯度下降（Gradient Descent）方法，它是一种迭代法。与解析解不同，迭代法首先会有一个初始估计值，此后每次迭代都会对上一次的估计值进行优化。虽然梯度下降的计算时间要多于解析解的计算时间，但是前者是机器学习中一个最重要的工具之一，因为其适用于不存在解析解的广泛场景中，比如逻辑回归、神经网络等。

因为梯度下降非常重要，所以第5章中我们会进行全面讲解。（迫不及待了！）

我好激动啊！

1 假设通过求解析解或者梯度下降法，已经找到一条拟合线，使其SSR最小。现在需要计算R^2，可以通过该拟合线的SSR……

$$R^2 = \frac{\text{SSR(均值)} - \text{SSR(拟合线)}}{\text{SSR(均值)}}$$

……以及平均身高的SSR……

……代入R^2计算公式，可得结果为0.66。

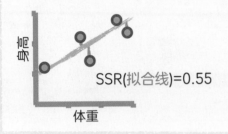

SSR(拟合线)=0.55

SSR(均值)=1.61

$$R^2 = \frac{1.61 - 0.55}{1.61} = 0.66$$

2 $R^2=0.66$意味着通过体重预测身高应该是可行的，但是需要计算p值以确保该结果的获得不是因为随机原因。

在这种情况下，p值代表了随机数据可能造成相似或更好R^2的概率。换句话说，p值的含义是随机数据可能造成$R^2 \geqslant 0.66$的概率。

3 因为原始数据中有5对测量值，所以计算p值的一种方法是打乱5条身高的数据和5条体重的数据，随机两两配对，并作图……

……然后通过线性回归得到拟合线并计算R^2值……

……并将所得R^2添加至直方图中……

……接着创建大于10000个随机数据集，并将各个数据集的R^2添加至直方图中，最后通过该直方图计算随机数据，得到$R^2 \geqslant 0.66$的概率。

$R^2 = 0.03$

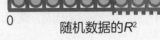

随机数据的R^2

*注：因为线性回归是在计算机能够快速生成随机数据之前就已经被运用的方法，所以这不是计算p值的传统方法，但有效！

4 最后，得到p值等于0.1，这说明随机数据得到$R^2 \geqslant 0.66$的概率为10%。这是一个相对较高的p值，所以该预测的可信程度并不高。这个结论是合理的，因为一开始并没有太多的数据。

多元线性回归：主要思想

1 之前所展示的例子都可以称为简单线性回归，因为仅仅用到了一个变量（体重）来预测身高……

身高=1.1+0.5×体重

……可以看到，简单线性回归通过找到一条用于拟合数据的直线进行预测。

2 通过两个或更多的变量，比如体重和鞋码，来预测身高也很容易。

这称为多元线性回归。在该例中，数据图像的呈现形式是三维的，即有3条坐标轴……

身高=1.1+0.5×体重+0.3×鞋码

……现在需要做的不是寻找拟合直线，而是寻找拟合平面。

……一条坐标轴是身高……

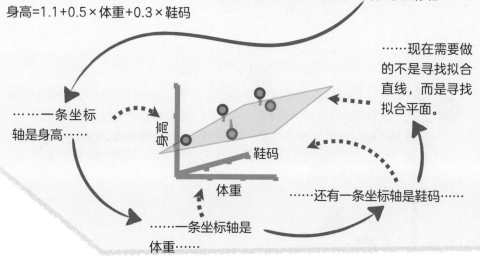

……还有一条坐标轴是鞋码……

……一条坐标轴是体重……

3 和简单线性回归一样，多元线性回归通过残差平方和（SSR）计算R^2和p值，并且残差仍然是观测身高与预测身高的差值。
唯一的区别是，此处计算的残差是关于拟合面而不是拟合线的。

$$R^2 = \frac{SSR(\text{均值}) - SSR(\text{拟合面})}{SSR(\text{均值})}$$

4 注：当需要通过3个以上的变量进行预测时，不可能绘制高维图像，但仍然可以通过计算残差来求解R^2和所对应的p值。

线性回归进阶

1 本章开篇介绍了线性回归是线性模型的基础，线性模型是非常灵活且强大的模型。

2 线性模型允许使用离散数据（如某人是否喜欢电影《矮人怪2》）来预测连续数据（如某人消费爆米花的量）。

3 如同通过体重预测身高的线性回归，线性模型会给出该预测的 R^2（用于判断预测的准确性）以及 p 值（用于判断预测的可信程度）。

在线性模型的例子中，可得 p 值等于0.04，该值相对较小，这表明随机数据不太可能给出相同或者更极端的结果。换句话说，我们可以确信，知道一个人是否喜欢《矮人怪2》，有助于更好地预测他会吃掉多少爆米花。

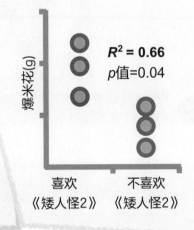

4 线性模型还可以很容易地将离散数据（如某人是否喜欢《矮人怪2》）与连续数据（如果人喝了多少汽水）结合起来，以预测另外一组连续数据（如他们会吃多少爆米花）。

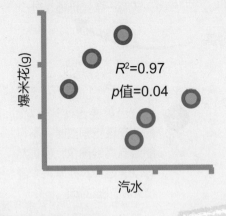

○ 喜欢《矮人怪2》
○ 不喜欢《矮人怪2》

在这种情况下，在模型中加入汽水消费量这个变量会显著增加 R^2，这意味着预测将更加准确，并且 p 值的下降表明预测的可信程度更高。

赞！赞！

5 如果读者想要深入学习线性模型，那么可以在作者的YouTube频道自行搜索相关内容。

现在让我们学习如何通过梯度下降法找到最优拟合线。

第5章

梯度下降法

梯度下降法：主要思想

1 问题：机器学习的一个主要任务是优化模型对数据的拟合程度。有些模型会存在解析解，但大多数时候没有解析解。

打个比方，通过S形曲线来拟合数据的逻辑回归模型（见第6章）没有解析解。

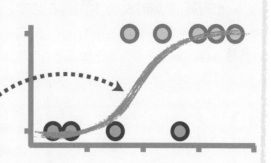

同样地，通过复杂曲线来拟合数据的神经网络模型（见第12章）也没有解析解。

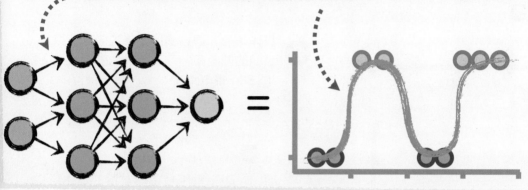

2 一个解决方案：当不存在解析解时，梯度下降法（Gradient Descent）是我们的救星。

梯度下降法是一种向最优解逐步迈进的迭代法，适用于广泛的场景。

3 梯度下降法首先需要设定一个初始估计值……

……每次迭代都会对上一次的估计值进行优化……

……直到找到最优解或者达到迭代上限。

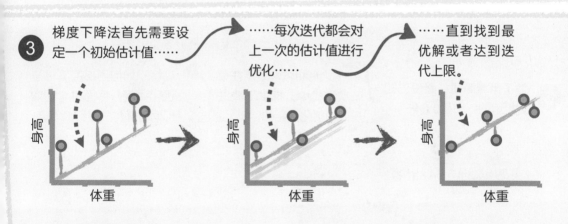

赞！

1 让我们演示一下梯度下降法是如何用直线来拟合身高和体重数据的。

注：尽管线性回归存在解析解，但本章中用该模型作为梯度下降法的例子，因为可以将梯度下降法的结果与已知的最优解进行比较。

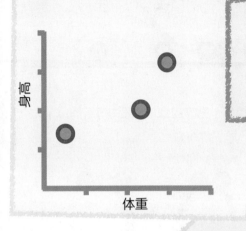

2 具体来说，通过梯度下降法来估计拟合线的截距和斜率，使其残差平方和（SSR）最小。

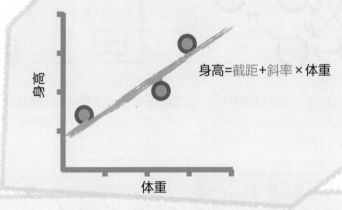

身高=截距+斜率×体重

3 为了运算简便，假设已知解析解的斜率是0.64……

……之后将依次展示在每一次迭代中，梯度下降法是如何优化截距的。

理解了如何用梯度下降法优化截距，后面将介绍如何同时优化截距和斜率。

身高=截距+0.64×体重

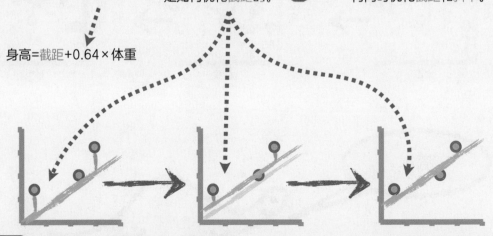

4 在本例中，我们将通过直线来拟合数据，并用残差平方和（SSR）来评估直线的拟合程度。

回忆一下，残差是观测值与预测值的差值。

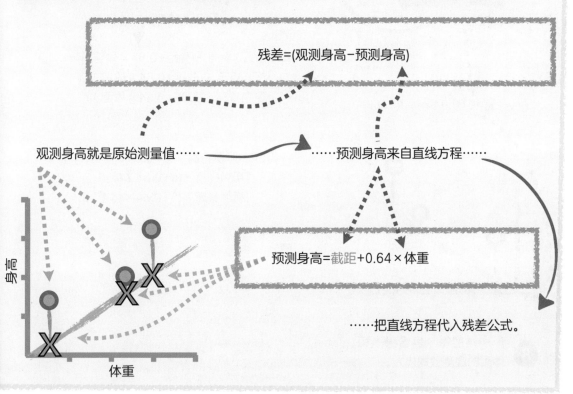

残差=(观测身高−预测身高)

观测身高就是原始测量值⋯⋯

⋯⋯预测身高来自直线方程⋯⋯

预测身高=截距+0.64×体重

⋯⋯把直线方程代入残差公式。

残差=（观测身高−预测身高）

$\qquad$=（观测身高−（截距+0.64×体重））

5 本例有3个数据点，这意味着SSR中包含3个残差项。

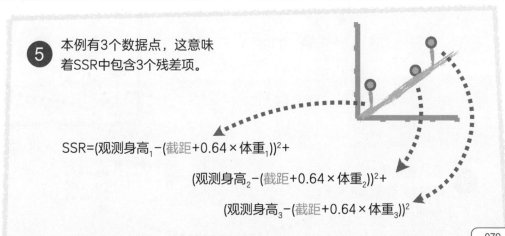

$SSR=(观测身高_1−(截距+0.64×体重_1))^2+$

$\qquad(观测身高_2−(截距+0.64×体重_2))^2+$

$\qquad\qquad(观测身高_3−(截距+0.64×体重_3))^2$

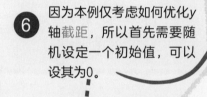

6 因为本例仅考虑如何优化y轴截距，所以首先需要随机设定一个初始值，可以设其为0。

7 为了计算SSR，把y轴截距等于0代入第4步和第5步的等式中……

身高=0+0.64×体重

$$SSR=(观测身高_1-(截距+0.64×体重_1))^2+$$
$$(观测身高_2-(截距+0.64×体重_2))^2+$$
$$(观测身高_3-(截距+0.64×体重_3))^2$$

$$SSR=(观测身高_1-(0+0.64×体重_1))^2+$$
$$(观测身高_2-(0+0.64×体重_2))^2+$$
$$(观测身高_3-(0+0.64×体重_3))^2$$

8 ……再把每个包含身高和体重的观测数据代入。

$$SSR=(观测身高_1-(0+0.64×体重_1))^2+$$

$$(观测身高_2-(0+0.64×体重_2))^2+$$

$$(观测身高_3-(0+0.64×体重_3))^2$$

$$SSR = (1.4 - (0 + 0.64 × 0.5))^2 +$$

$$(1.9 - (0 + 0.64 × 2.3))^2 +$$

$$(3.2 - (0 + 0.64 × 2.9))^2$$

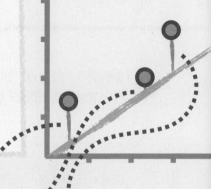

9 最后整理等式，当y轴截距等于0时，可得SSR = 3.1。

$$SSR = 1.1^2 + 0.4^2 + 1.3^2 = 3.1$$

赞！

10 SSR是一种损失函数或成本函数（见术语解释），我们的目标是使其值最小化。梯度下降法通过从初始值逐步逼近最优值，使得损失函数或成本函数达到最小值。本例展示了增加截距（中间图像上的x轴）能够减小SSR（y轴）。

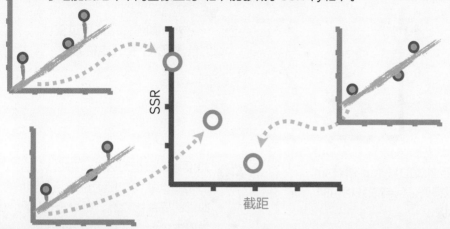

术语解释！

损失函数或成本函数（Loss Function/Cost Function）指的是模型与数据拟合时需要优化的对象。例如，当使用直线（在线性回归中）或曲线（在神经网络中）进行拟合时，需要优化SSR或均方误差（MSE）。有时候"损失函数"专指应用于一个数据点的函数，而"成本函数"专指应用于所有数据点的函数，这里的函数可以是SSR或其他类型的函数。但上述定义并非约定俗成，实际使用时需结合上下文。在本书中，我们会交互使用，如"SSR的损失函数或成本函数"。

11 在前面的例子中，我们只是随机选取几个y轴截距，并把其对应的SSR画在图上。而下面我们需要正式对SSR关于y轴截距的函数作图，即这个SSR关于y轴截距的方程……

……与该图上的曲线一一对应，其中y轴代表SSR，x轴代表截距。

$$SSR = (1.4 - (截距 + 0.64 \times 0.5))^2 +$$
$$(1.9 - (截距 + 0.64 \times 2.3))^2 +$$
$$(3.2 - (截距 + 0.64 \times 2.9))^2$$

回忆一下，这些是观测身高……

……这些是观测体重。

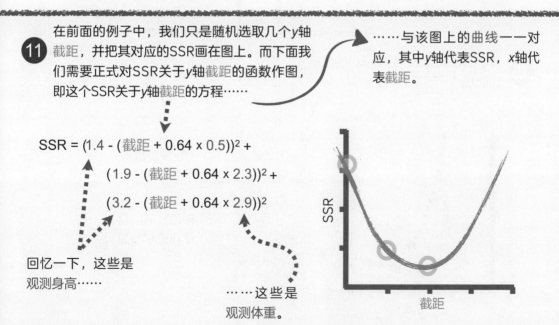

12 从y轴截距等于0开始，逐渐增加截距并计算对应的SSR，一开始SSR在这里……

……从图像上可以看出，SSR的最低点在这个位置，但如何到达呢？

……另外，如何知道迭代过程什么时候停下来，防止走得太远？

13 答案来自曲线的导数。通过导数，可以得到任何与曲线相切的切线的斜率。

注：如果对导数不熟悉，请参阅附录D。

14 如果导数值相对较大，那么对应的切线斜率比较陡，说明目前离曲线的底部比较远，所以步长*应当放大……

*译者注：步长决定了在梯度下降迭代的过程中，每一步沿梯度方向（即导数方向）前进的长度。在本章的"单一参数的梯度下降法：详解"部分中会介绍步长的具体公式。

……而导数（斜率）为负说明应朝右侧移动以接近最低的SSR。

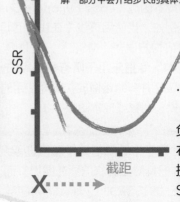

15 较小的导数值说明目前已经接近曲线的底部，所以步长应当缩小……

……而导数（斜率）为正说明应朝左侧移动以接近最低的SSR。

总结：导数可以指引移动方向以及该走多远。接下来，让我们学习如何对SSR求导。

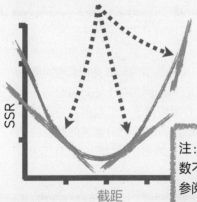

16 SSR的其中一项包含平方以及括号内的残差……

……因此，求SSR的导数需要用到链式法则（需要复习链式法则的读者，请参阅附录F）。

SSR=(身高−(截距+0.64×体重)²

第一步： 通过SSR关于残差的函数来关联SSR和截距。

$$SSR=(残差)^2$$ 残差=身高 −(截距+0.64×体重)

第二步： 关联后，根据链式法则可得SSR关于截距的导数是……

$$\frac{d\,SSR}{d\,截距} = \frac{d\,SSR}{d\,残差} \times \frac{d\,残差}{d\,截距}$$

通过所有项都乘以−1来去括号。

第三步： 根据多项式求导公式（见附录E），求解这两个导数。

$$\frac{d\,残差}{d\,截距} = \frac{d}{d\,截距}\,身高-(截距+0.64×体重)$$

$$= \frac{d}{d\,截距}\,身高-(截距-0.64×体重)$$

$$= 0-1-0=-1$$

因为第一项和最后一项都没有包含截距，所以它们关于截距的导数都是0。第二项的截距为负数，因此可得导数为−1。

$$\frac{d\,SSR}{d\,残差} = \frac{d}{d\,残差}\,(残差)^2 = 2 \times 残差$$

第四步： 把所得结果代入链式法则的公式中，可得SSR关于截距的导数。

$$\frac{d\,SSR}{d\,截距} = \frac{d\,SSR}{d\,残差} \times \frac{d\,残差}{d\,截距} = 2\times 残差 \times (-1)$$

$$=2\times(身高-(截距+0.64×体重))\times(-1)$$

$$=(-2)\times(身高-(截距+0.64×体重))$$

右边的−1与左边的2相乘后可得−2。

17 到目前为止，我们计算了SSR关于单个观测值的导数。

$$SSR=(身高-(截距+0.64×体重))^2$$

$$\frac{d\,SSR}{d\,截距}=(-2)×(身高-(截距+0.64×体重))$$

18 但数据集中有3个观测值，因此SSR及其导数也有3项。

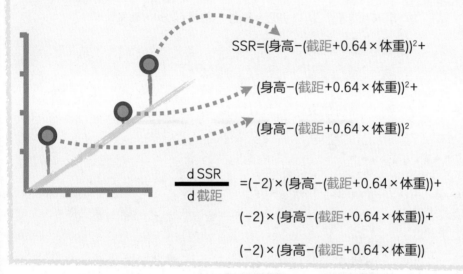

$$SSR=(身高-(截距+0.64×体重))^2+$$

$$(身高-(截距+0.64×体重))^2+$$

$$(身高-(截距+0.64×体重))^2$$

$$\frac{d\,SSR}{d\,截距}=(-2)×(身高-(截距+0.64×体重))+$$

$$(-2)×(身高-(截距+0.64×体重))+$$

$$(-2)×(身高-(截距+0.64×体重))$$

温馨提示：因为示例中使用的是线性回归方法，所以实际上不需要使用梯度下降法来求解截距的最优值。可以直接令导数为0，然后求得截距的最优值，即为解析解。然而，通过将梯度下降法应用于该问题，可以将所得的最优值与解析解进行比较，以评估梯度下降法的性能。后续在不存在解析解的情况下（如逻辑回归和神经网络），使用梯度下降法的可信度就会大大增加。

19 求得所有3个数据点的SSR的导数后，接下来就可以分步观察梯度下降法如何通过导数求得使SSR最小的截距。然而，在开始之前，是时候来看看术语解释了！

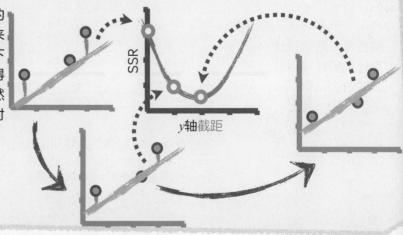

不好！又有术语要学习了！

1 在本例中，需要优化的是y轴截距。

在机器学习的术语中，将需要优化的对象称为参数。因此，本例中将y轴截距称为参数。

预测身高＝截距＋0.64×体重

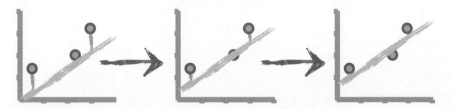

2 若需要同时优化y轴截距和斜率，则要优化两个参数。

预测身高＝截距＋斜率×体重

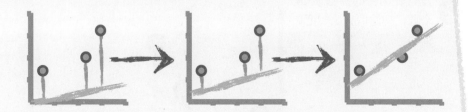

3 既然知道了参数的含义，那么我们就来学习梯度下降法如何在每一次迭代中优化单一参数（如截距）。

赞！

1 首先把观测值代入损失函数或成本函数的导数中。本例中，SSR即为损失函数或成本函数……

……即把观测体重和观测身高的测量值代入SSR的导数中。

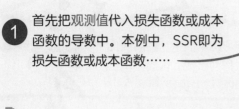

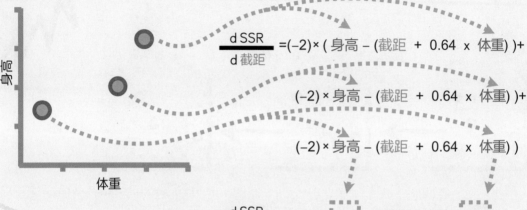

$$\frac{d\,SSR}{d\,截距} = (-2) \times (\ 身高 - (截距 + 0.64 \times 体重)\ ) +$$

$$(-2) \times\ 身高 - (截距 + 0.64 \times 体重)\ ) +$$

$$(-2) \times\ 身高 - (截距 + 0.64 \times 体重)\ )$$

$$\frac{d\,SSR}{d\,截距} = (-2) \times (\ 3.2 - (截距 + 0.64 \times 2.9)\ ) +$$

$$(-2) \times (\ 1.9 - (截距 + 0.64 \times 2.3)\ ) +$$

$$(-2) \times (\ 1.4 - (截距 + 0.64 \times 0.5)\ )$$

2 为需要优化的参数设一个随机初始值，比如把y轴截距初始化为0。

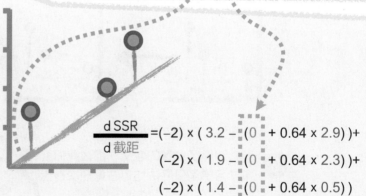

$$\frac{d\,SSR}{d\,截距} = (-2) \times (\ 3.2 - (0 + 0.64 \times 2.9)) +$$

$$(-2) \times (\ 1.9 - (0 + 0.64 \times 2.3)) +$$

$$(-2) \times (\ 1.4 - (0 + 0.64 \times 0.5))$$

=截距+0.64×体重

身高=0+0.64×体重

3 把当前的截距数值（当前为0）代入导数中。

可得-5.7……

…即截距等于0时，切线的斜率等于-5.7。

$$\frac{d\,SSR}{d\,截距} = (-2) \times (3.2 - (0 + 0.64 \times 2.9)) +$$
$$(-2) \times (1.9 - (0 + 0.64 \times 2.3)) +$$
$$(-2) \times (1.4 - (0 + 0.64 \times 0.5))$$

$$= -5.7$$

SSR

y轴截距

4 通过以下方程计算步长（Step Size）：

温馨提示：导数的大小与应向最小值移动的距离成正比。通过符号（+/-）判断方向。

步长= 导数 × 学习率

$$= -5.7 \times 0.1$$

$$= -0.57$$

注：学习率（Learning Rate）可以防止步子迈得太大，以至于错过了曲线上的最低点。通常来讲，梯度下降法的学习率是自动确定的：开始时学习率相对较大，并随着每次迭代而变小。可以使用交叉验证来确定学习率。本例中设定学习率为0.1。

5 通过以下等式，根据当前截距计算下次迭代中更新后的截距：

更新截距=当前截距-步长

$$= 0 - (-0.57)$$

$$= 0.57$$

小提醒：这里的当前截距等于0。

更新截距为0.57，得到的新拟合线更贴近数据……

……所以SSR也降低了。

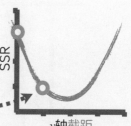

SSR

y轴截距

6 重复上述3个步骤，每次迭代后都更新截距，直至步长接近于0或者达到迭代上限，通常迭代上限会设定为1000次。

a 计算当前截距下的导数……

$$\frac{d\,SSR}{d\,截距} = (-2) \times (3.2 - (0.57 + 0.64 \times 2.9)) +$$
$$(-2) \times (1.9 - (0.57 + 0.64 \times 2.3)) + \quad = -2.3$$
$$(-2) \times (1.4 - (0.57 + 0.64 \times 0.5))$$

b 计算步长……

步长= 导数 × 学习率

= −2.3 × 0.1

= −0.23

注：步长比之前更小的原因是当前切线没有之前那么陡峭了，即斜率更小。更小的斜率意味着与最优值更为接近。

c 计算更新截距……

更新截距=当前截距−步长

= 0.57 −(−0.23)

= 0.8

更新截距为0.8，拟合线更贴近数据……

……所以SSR也降低了。

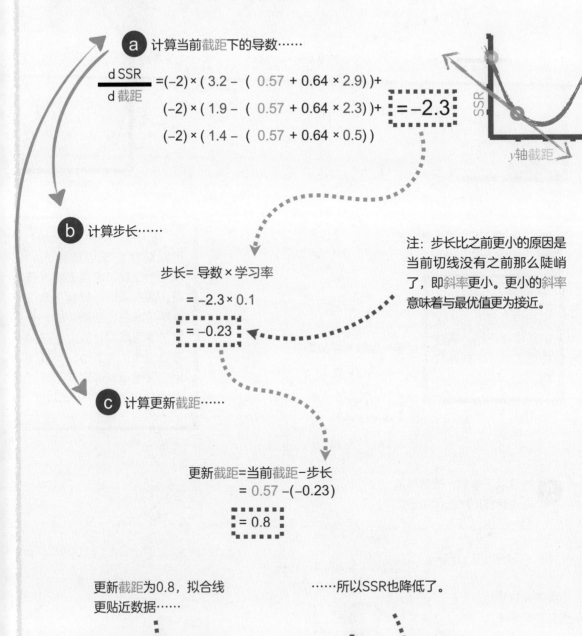

7 通过梯度下降法，迭代7次以后……

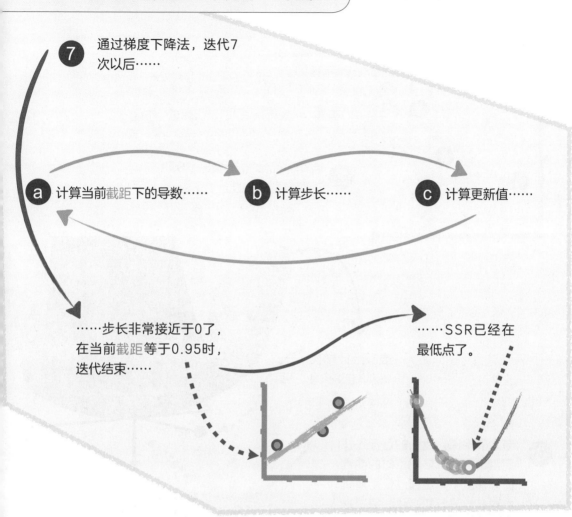

a 计算当前截距下的导数……　**b** 计算步长……　**c** 计算更新值……

……步长非常接近于0了，在当前截距等于0.95时，迭代结束……

……SSR已经在最低点了。

8 令导数为0，则截距等于0.95，与梯度下降法所得的结果一致。因此，梯度下降法的性能是不错的。

为它点赞？

还不到时候！让我们一起学习梯度下降法是如何同时优化截距以及斜率的。

1 之前讲解了如何通过优化截距来最小化SSR，现在来学习如何同时优化截距和斜率。

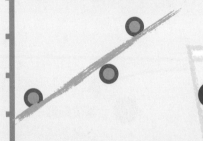

$$身高 = 截距 + 斜率 \times 体重$$

2 当同时优化2个参数时，SSR的图像是三维的。

这条坐标轴代表斜率的不同数值……

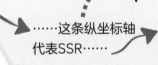

3 与之前相同，我们的目标是找到当SSR位于最低点时的参数值。梯度下降法通过使用随机数对参数进行初始化，每次迭代通过计算导数来更新参数，直至达到最优值。

……这条纵坐标轴代表SSR……

……而这条坐标轴代表截距的不同数值。

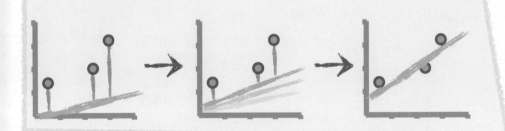

4 现在需要学习如何对SSR关于截距和斜率求导。

$$SSR=(身高-(截距+斜率 \times 体重)^2$$

1 好消息是对SSR关于截距求导的方法和之前完全一样。

通过链式法则可以知道SSR如何随着截距的变化而变化。

SSR= (身高-(截距+斜率×体重)²

第一步：通过SSR关于残差的函数来关联SSR和截距。

$SSR=(残差)^2$　　　残差=身高-(截距+斜率×体重)

第二步：关联后，根据链式法则可得SSR关于截距的导数是……

$$\frac{d\,SSR}{d\,截距} = \frac{d\,SSR}{d\,残差} \times \frac{d\,残差}{d\,截距}$$

通过所有项都乘以-1来去括号。

第三步：根据多项式求导公式，求解这两个导数。

$$\frac{d\,残差}{d\,截距} = \frac{d}{d\,截距}\ 身高-(截距+斜率×体重)$$

$$= \frac{d}{d\,截距}\ 身高-(截距-斜率×体重)$$

$$= 0\ -1-0 = -1$$

$$\frac{d\,SSR}{d\,残差} = \frac{d}{d\,残差}\ (残差)^2=2×残差$$

因为第一项和最后一项都没包含截距，所以它们关于截距的导数都是0。第二项的截距为负数，因此可得导数为-1。

第四步：把所得结果代入链式法则的公式中，可得SSR关于截距的导数。

$$\frac{d\,SSR}{d\,截距} = \frac{d\,SSR}{d\,残差} \times \frac{d\,残差}{d\,截距} =2×残差×(-1)$$

$$=2×(身高-(截距+斜率×体重))×(-1)$$

$$=(-2)×(身高-(截距+斜率×体重))$$

右边的-1与左边的2相乘后得到-2。

2 另一个好消息是对SSR关于斜率求导与之前对SSR关于截距求导的方法非常相似。

通过链式法则可以知道SSR如何随着斜率的变化而变化。

$$SSR= (\,身高-(截距+斜率 \times 体重)\,)^2$$

第一步：通过SSR关于残差的函数来关联SSR和斜率。

$$SSR=(残差)^2 \qquad 残差=身高-(截距+斜率 \times 体重)^2$$

第二步：关联后，根据链式法则可得SSR关于斜率的导数是……

$$\frac{d\,SSR}{d\,斜率} = \frac{d\,SSR}{d\,残差} \times \frac{d\,残差}{d\,斜率}$$

通过所有项都乘以−1来去括号。

第三步：根据多项式求导公式，求解这两个导数。

$$\frac{d\,残差}{d\,斜率} = \frac{d}{d\,斜率}\,身高-(截距+斜率 \times 体重)$$

$$= \frac{d}{d\,斜率}\,身高-截距-斜率 \times 体重$$

$$=0-0-体重=-体重$$

因为第一项和第二项都没有包含斜率，所以它们关于斜率的导数都是0。而最后一项是负的斜率乘以体重，因此可得导数为−体重。

$$\frac{d\,SSR}{d\,残差} = \frac{d}{d\,残差}\,(残差)^2=2 \times 残差$$

第四步：把所得结果代入链式法则的公式中，可得SSR关于斜率的导数。

$$\frac{d\,SSR}{d\,斜率} = \frac{d\,SSR}{d\,残差} \times \frac{d\,残差}{d\,斜率}\,=2 \times 残差 \times (-体重)$$

右边的"−体重"与左边的2相乘后，可得(−2) × 体重。

$$=2 \times (身高-(截距+斜率 \times 体重)) \times (-体重)$$

$$=(-2) \times 体重 \times (身高-(截距+斜率 \times 体重))$$

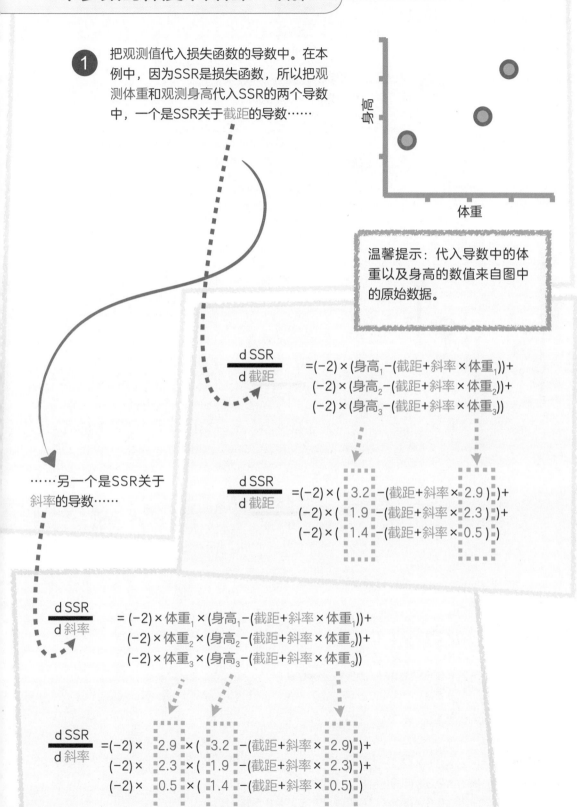

① 把观测值代入损失函数的导数中。在本例中，因为SSR是损失函数，所以把观测体重和观测身高代入SSR的两个导数中，一个是SSR关于截距的导数……

温馨提示：代入导数中的体重以及身高的数值来自图中的原始数据。

$$\frac{d\,SSR}{d\,截距} = (-2) \times (身高_1 - (截距 + 斜率 \times 体重_1)) + (-2) \times (身高_2 - (截距 + 斜率 \times 体重_2)) + (-2) \times (身高_3 - (截距 + 斜率 \times 体重_3))$$

……另一个是SSR关于斜率的导数……

$$\frac{d\,SSR}{d\,截距} = (-2) \times (\ 3.2\ - (截距 + 斜率 \times\ 2.9\ )) + (-2) \times (\ 1.9\ - (截距 + 斜率 \times\ 2.3\ )) + (-2) \times (\ 1.4\ - (截距 + 斜率 \times\ 0.5\ ))$$

$$\frac{d\,SSR}{d\,斜率} = (-2) \times 体重_1 \times (身高_1 - (截距 + 斜率 \times 体重_1)) + (-2) \times 体重_2 \times (身高_2 - (截距 + 斜率 \times 体重_2)) + (-2) \times 体重_3 \times (身高_3 - (截距 + 斜率 \times 体重_3))$$

$$\frac{d\,SSR}{d\,斜率} = (-2) \times\ 2.9\ \times (\ 3.2\ - (截距 + 斜率 \times\ 2.9)) + (-2) \times\ 2.3\ \times (\ 1.9\ - (截距 + 斜率 \times\ 2.3)) + (-2) \times\ 0.5\ \times (\ 1.4\ - (截距 + 斜率 \times\ 0.5))$$

2 通过设定随机数来初始化参数。这里可以设截距为0，斜率为0.5。

身高= 截距 + 斜率 ×体重

身高= 0 + 0.5 ×体重

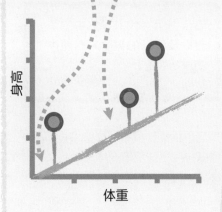

$$\frac{d\,SSR}{d\,截距} = (-2) \times (3.2 - (截距 + 斜率 \times 2.9)) + (-2) \times (1.9 - (截距 + 斜率 \times 2.3)) + (-2) \times (1.4 - (截距 + 斜率 \times 0.5))$$

$$\frac{d\,SSR}{d\,截距} = (-2) \times (3.2 - (0 + 0.5 \times 2.9)) + (-2) \times (1.9 - (0 + 0.5 \times 2.3)) + (-2) \times (1.4 - (0 + 0.5 \times 0.5))$$

$$\frac{d\,SSR}{d\,斜率} = (-2) \times 2.9 \times (3.2 - (截距 + 斜率 \times 2.9)) + (-2) \times 2.3 \times (1.9 - (截距 + 斜率 \times 2.3)) + (-2) \times 0.5 \times (1.4 - (截距 + 斜率 \times 0.5))$$

$$\frac{d\,SSR}{d\,斜率} = (-2) \times 2.9 \times (3.2 - (0 + 0.5 \times 2.9)) + (-2) \times 2.3 \times (1.9 - (0 + 0.5 \times 2.3)) + (-2) \times 0.5 \times (1.4 - (0 + 0.5 \times 0.5))$$

3 已知当前截距等于0，当前斜率等于0.5，计算导数。

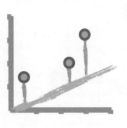

$$\frac{d\,SSR}{d\,截距} = (-2) \times (\,3.2 - (0 + 0.5 \times 2.9)\,) + (-2) \times (\,1.9 - (0 + 0.5 \times 2.3)\,) + (-2) \times (\,1.4 - (0 + 0.5 \times 0.5)\,)$$

$$= -7.3$$

$$\frac{d\,SSR}{d\,斜率} = (-2) \times 2.9 \times (\,3.2 - (0 + 0.5 \times 2.9)\,) + (-2) \times 2.3 \times (\,1.9 - (0 + 0.5 \times 2.3)\,) + (-2) \times 0.5 \times (\,1.4 - (0 + 0.5 \times 0.5)\,)$$

$$= -14.8$$

4 计算步长：

$$步长_{截距} = 导数 \times 学习率$$
$$= -7.3 \times 0.01$$
$$= -0.073$$

对于斜率……

$$步长_{斜率} = 导数 \times 学习率$$
$$= -14.8 \times 0.01$$
$$= -0.148$$

5 计算本次迭代的更新值，以便向最优值更进一步……

$$更新截距 = 目前截距 - 步长_{截距}$$
$$= 0 - (-0.073)$$
$$= 0.073$$

注：此处使用的学习率（0.01）要比之前例子中用到的小（之前为0.1），因为梯度下降法对于学习率非常灵敏。在实际应用时，学习率一般是自动确定的。

……截距从0上升到0.073，斜率从0.5上升到0.648，SSR降低了。

$$更新斜率 = 目前斜率 - 步长_{斜率}$$
$$= 0.5 - (-0.148)$$
$$= 0.648$$

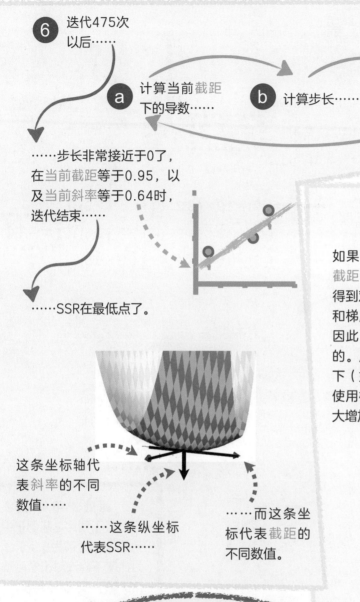

6 迭代475次以后……

a 计算当前截距下的导数……

b 计算步长……

c 计算更新值……

……步长非常接近于0了，在当前截距等于0.95，以及当前斜率等于0.64时，迭代结束……

……SSR在最低点了。

这条坐标轴代表斜率的不同数值……

……这条纵坐标代表SSR……

……而这条坐标代表截距的不同数值。

7

如果直接通过令导数等于0来求截距以及斜率的最优解，那么会得到对应的值等于0.95和0.64，和梯度下降法所得的结果一致。因此，梯度下降法的性能是不错的。后续在不存在解析解的情况下（如逻辑回归和神经网络），使用梯度下降法的可信度就会大大增加。

梯度下降法很不错。但是，当有很多数据或者很多参数的情况下，梯度下降法的运算速度会很慢，有什么方法可以提高其运算速度吗？

当然！随机梯度下降法可以解决这个问题。

随机梯度下降法：主要思想

1 迄今为止，所学的内容都很简单：一开始从一个仅有3个数据点的微型数据集开始，通过直线进行数据拟合，并且只有2个参数：截距和斜率。

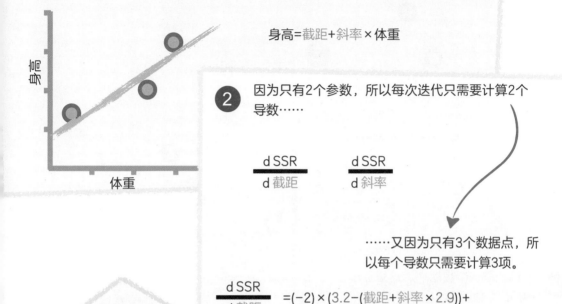

身高=截距+斜率×体重

2 因为只有2个参数，所以每次迭代只需要计算2个导数……

$$\frac{d\,SSR}{d\,截距} \qquad \frac{d\,SSR}{d\,斜率}$$

……又因为只有3个数据点，所以每个导数只需要计算3项。

$$\frac{d\,SSR}{d\,截距} = (-2)\times(3.2-(截距+斜率\times2.9))+ \\ (-2)\times(1.9-(截距+斜率\times2.3))+ \\ (-2)\times(1.4-(截距+斜率\times0.5))$$

3

但是，如果有1000000个数据点呢？那么对每个导数就需要计算1000000项。

如果模型非常复杂，有10000个参数呢？那么就需要计算10000个导数。

计算10000个导数，并且对每个导数需要计算1000000项，这个工作量实在太大了，并且这么大一个工程仅仅存在于一次迭代中，而算法本身需要1000次迭代！

因此，对于大数据而言，梯度下降法的计算量非常惊人，并且运算速度会很慢。

$$\frac{d\,SSR}{d\,斜率} = (-2)\times2.9\times(3.2-(截距+斜率\times2.9))+ \\ (-2)\times2.3\times(1.9-(截距+斜率\times2.3))+ \\ (-2)\times0.5\times(1.4-(截距+斜率\times0.5))$$

4 好消息是，随机梯度下降法（Stochastic Gradient Descent）可以大大减少优化参数所需的计算量。虽然听起来很奇妙，但这里随机的意思就是随机确定，随机梯度下降法所做的就是在每次迭代中，随机选取一个数据点。所以，无论数据集有多大，每次迭代中的每个导数只需计算一项。

赞!

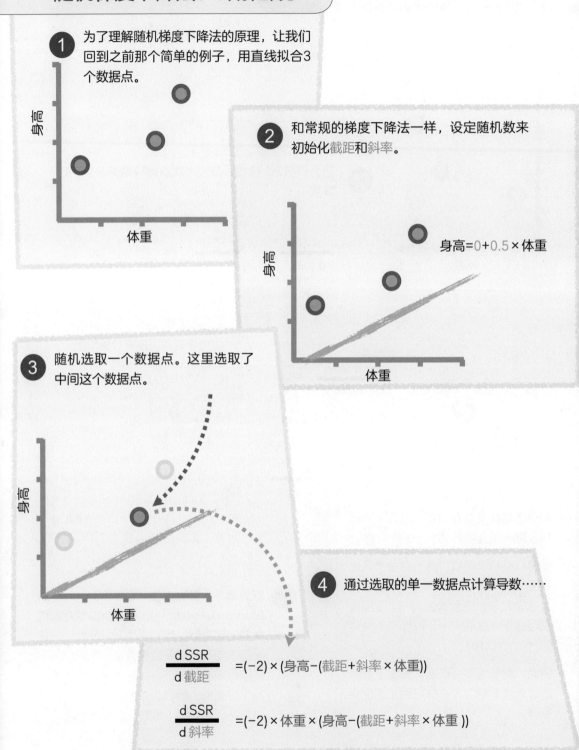

1 为了理解随机梯度下降法的原理，让我们回到之前那个简单的例子，用直线拟合3个数据点。

身高 / 体重

2 和常规的梯度下降法一样，设定随机数来初始化截距和斜率。

身高=0+0.5×体重

身高 / 体重

3 随机选取一个数据点。这里选取了中间这个数据点。

身高 / 体重

4 通过选取的单一数据点计算导数……

$$\frac{d\,SSR}{d\,截距} = (-2) \times (身高 - (截距 + 斜率 \times 体重))$$

$$\frac{d\,SSR}{d\,斜率} = (-2) \times 体重 \times (身高 - (截距 + 斜率 \times 体重))$$

5 计算步长……

6 计算更新数值……

随机梯度下降法：详解部分2

7 之后只需要重复前面4个步骤，直至步长非常小，这意味着得到最优解或者达到迭代上限。

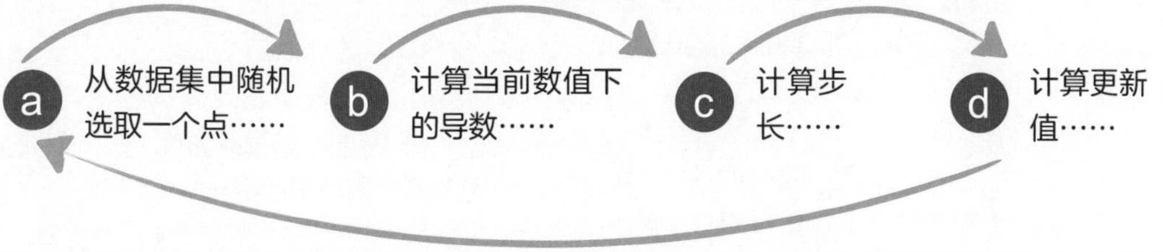

a 从数据集中随机选取一个点……
b 计算当前数值下的导数……
c 计算步长……
d 计算更新值……

8 **术语解释！**

尽管随机梯度下降法的严格定义是每次迭代只选取一个点，但更常见的方法是随机选取观测数据中的一小部分子集，而不是单个点，从而经历更少的迭代，使得结果收敛到最优值，并且小子集的运算时间比选取所有数据的运算时间更少。这种方法被称为小批量随机梯度下降法（Mini-Batch Stochastic Gradient Descent）。

9 打个比方，假设需要在该数据集中应用小批量随机梯度下降法……

……那么在一次迭代中可以选取这3个点作为一组小批量的数据，而不是在一次迭代中选取一个点。

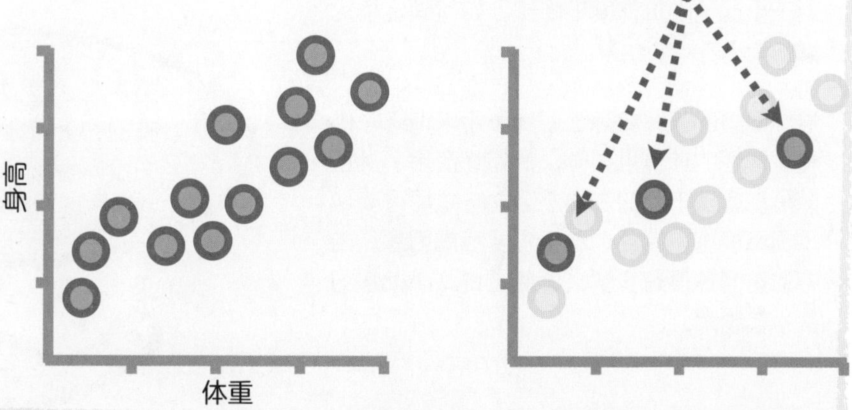

身高
体重

梯度下降法：提问与回答

梯度下降法总能找到最佳参数值吗？

梯度下降法并不总能找到最佳参数值。例如，如果SSR的图长这样……

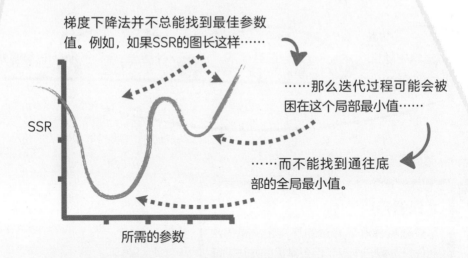

……那么迭代过程可能会被困在这个局部最小值……

……而不能找到通往底部的全局最小值。

这种情况的发生会是一件令人沮丧的事情（即困在局部最小值而不是找到全局最小值）。但更糟糕的是，通常不可能对SSR作图。因此，我们甚至不知道是否能找到一个局部最小值，而这个局部最小值可能是众多局部最小值中的一个。所幸可以通过以下方法来弥补：

1)尝试使用不同的随机数值来初始化所需优化的参数：使用不同的初始化数值可以避免陷入局部最小值。

2)调大步长：调大步长可能有助于避免陷入局部最小值。

3)使用随机梯度下降法：额外的随机性有助于避免陷入局部最小值。

对于小批量随机梯度下降法，如何确定小批量的大小？

这个问题的答案实际上取决于用来训练（优化）模型的计算机硬件。例如，使用小批量随机梯度法下降的主要原因之一是尽可能快地训练模型。因此，一个主要考虑因素是内存的访问速度有多快：速度越快，小批量的大小就越大。

接下来让我们学习如何通过逻辑回归进行分类。因为逻辑回归没有解析解，所以通常通过梯度下降法进行优化。

第6章

逻辑回归

1 问题：当想要预测连续数据（比如身高）时，线性回归和线性模型是不错的选择，但是如果需要对存在两种可能性的离散数据进行分类（比如某人是否喜欢电影《矮人怪2》），那该怎么办呢？

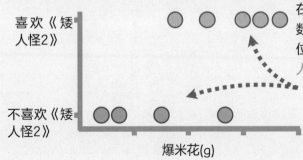

喜欢《矮人怪2》

不喜欢《矮人怪2》

喜欢《矮人怪2》

不喜欢《矮人怪2》

爆米花(g)

在这个例子中，我们收集了连续数据：顾客消费爆米花的量（单位：g），以及离散数据：喜欢《矮人怪2》或者不喜欢《矮人怪2》。

为了分析以上数据，需要一个分类器：根据一个人消费爆米花的量来区分他是否喜欢《矮人怪2》。

2 一个解决方案：逻辑回归（Logistic Regression）通过曲线来拟合数据，用于预测离散变量的概率（0到1之间），比如某人是否喜欢《矮人怪2》。此外，逻辑回归因通常被用于分类，更应该被称为逻辑分类（Logistic Classification）。

1=喜欢《矮人怪2》

喜欢《矮人怪2》的概率

0=不喜欢《矮人怪2》

爆米花(g)

McFadden's $R^2 = 0.4$

p值 = 0.03

和线性回归一样，逻辑回归也有类似于R^2的指标：不仅用于评估其预测的精确程度，也用于计算p值。

更令人兴奋的是，由于线性模型中用到的技巧也适用于逻辑回归，因此可以把离散特征以及连续特征统一匹配后，进行离散分类。

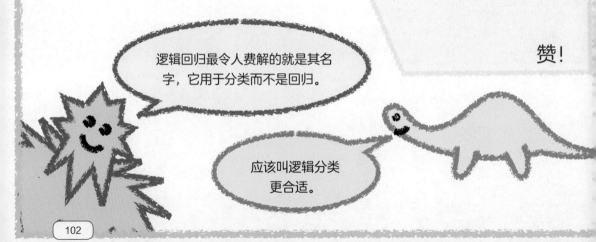

逻辑回归最令人费解的就是其名字，它用于分类而不是回归。

应该叫逻辑分类更合适。

赞！

3 逻辑回归的y轴代表从0到1的概率。本例中的y轴表示的是某人喜欢《矮人怪2》的概率。

彩色的点是训练数据，将用于曲线拟合，代表了4个不喜欢《矮人怪2》的人和5个喜欢《矮人怪2》的人。

这条曲线表示喜欢《矮人怪2》的预测概率：当曲线的y值接近图像顶部时，喜欢《矮人怪2》的概率很高（即接近于1的概率）。

当曲线的y值接近图像底部时，喜欢《矮人怪2》的概率很低（接近于0）。

1=喜欢《矮人怪2》

喜欢《矮人怪2》的概率

0=不喜欢《矮人怪2》

爆米花(g)

4 如果某人消费爆米花的量在这里……

……那么根据曲线，此人喜欢《矮人怪2》的概率相对较高。

1=喜欢《矮人怪2》

喜欢《矮人怪2》的概率

0=不喜欢《矮人怪2》

具体来说，曲线上对应的y值表示了他喜欢《矮人怪2》的概率是0.96。

爆米花(g)

● 喜欢《矮人怪2》

● 不喜欢《矮人怪2》

赞！赞！

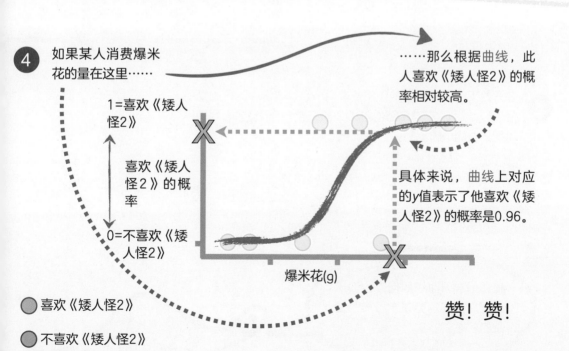

逻辑回归：主要思想3

5 现在已知某人喜欢《矮人怪2》的概率，可以根据其值判断他是喜欢《矮人怪2》还是不喜欢《矮人怪2》。通常分类的阈值是0.5……

……也就是说，任何概率＞0.5的人都会被归类为喜欢《矮人怪2》……

……任何概率≤0.5的人都会被归类为不喜欢《矮人怪2》。

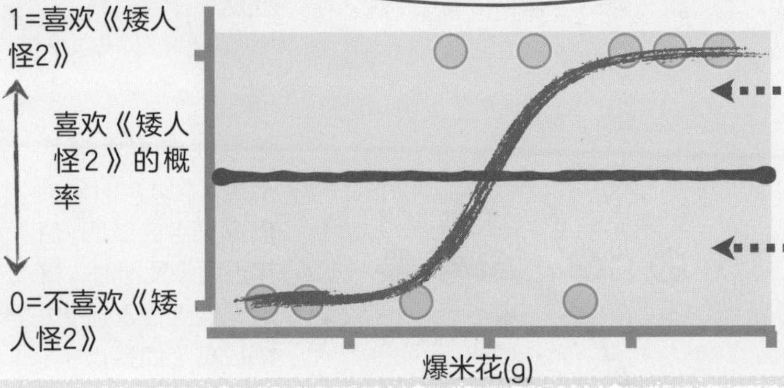

1=喜欢《矮人怪2》
喜欢《矮人怪2》的概率
0=不喜欢《矮人怪2》
爆米花(g)

6 因为此人喜欢《矮人怪2》的概率0.96>0.5，所以他被归类为喜欢《矮人怪2》。

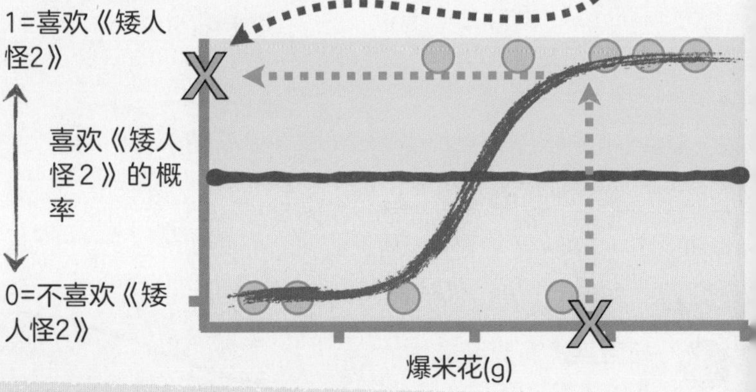

1=喜欢《矮人怪2》
喜欢《矮人怪2》的概率
0=不喜欢《矮人怪2》
爆米花(g)

7 在开始下一个话题之前还需要说明一点：本例中的分类阈值是0.5。然而，在第8章讨论ROC曲线时，我们将会看到使用不同分类阈值的示例。

赞！赞！赞！

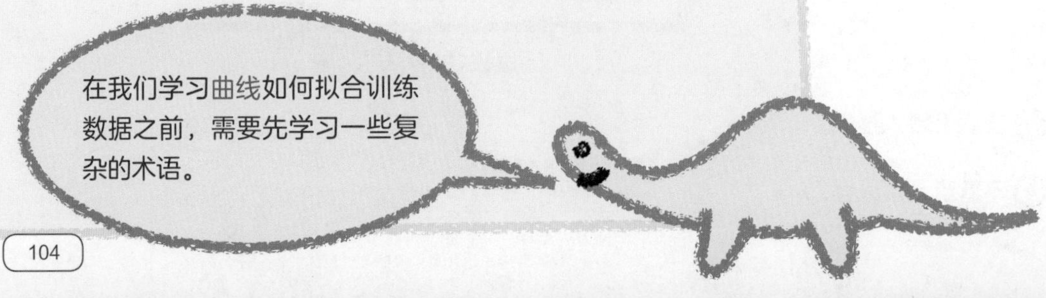

在我们学习曲线如何拟合训练数据之前，需要先学习一些复杂的术语。

正态恐龙，概率（Probability）和似然（Likelihood）难道有不同的意思吗*？

* 译者注：似然即可能性的意思。似然作为统计术语，是一种较为贴近文言文的用法。可以想象"概率"和"可能性"在日常生活中的确可以互通使用。

在日常交流中，我们可以交替使用概率和似然（可能性）。但在统计学的背景下，两者有着不同的用法，在某些情况下，甚至有着完全不同的含义。

1 回到第3章，在一开始描述正态分布时，y轴代表了似然值。

具体到实例，y轴代表了观测到任意具体身高的似然值。

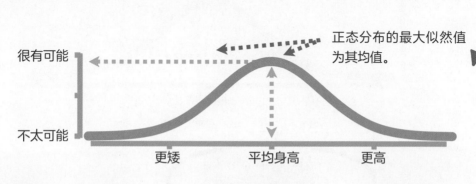

正态分布的最大似然值为其均值。

很有可能

不太可能

更矮　　　　平均身高　　　　更高

举例来说，不太可能见到身材特别矮小的人……

……通常见到的都是接近平均身高的人……

……也不太可能见到身材特别高大的人。

2 然而，在第3章靠后的部分中，我们知道概率来自正态分布曲线下两点之间的面积。

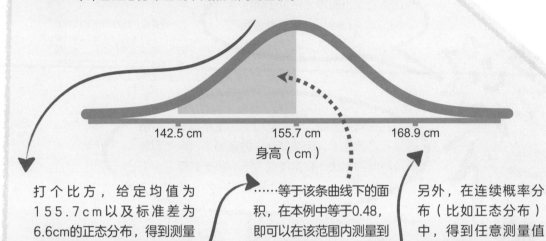

142.5 cm　　　155.7 cm　　　168.9 cm

身高（cm）

打个比方，给定均值为155.7cm以及标准差为6.6cm的正态分布，得到测量身高在142.5cm和155.7cm之间的概率……

……等于该条曲线下的面积，在本例中等于0.48，即可以在该范围内测量到某人身高为155.7cm的概率为0.48。

另外，在连续概率分布（比如正态分布）中，得到任意测量值的概率是0，因为没有宽度的面积永远是0。

3 因此，在正态分布中……

……似然值是曲线上特定值所对应的y值……

……而概率是曲线下两点之间的面积。

很有可能

不太可能

142.5 cm　　　155.7 cm　　　168.9 cm

我应该理解什么是概率了，不过似然能用来做什么呢？

让我们在下一页中讨论这个问题。

4 似然通常用于评估统计分布和数据集的拟合程度。
打个比方，设想我们收集了3个身高数据……

……需要比较峰值在数据右侧的
正态曲线的拟合程度……

……和峰值在数据中心的
正态曲线的拟合程度。

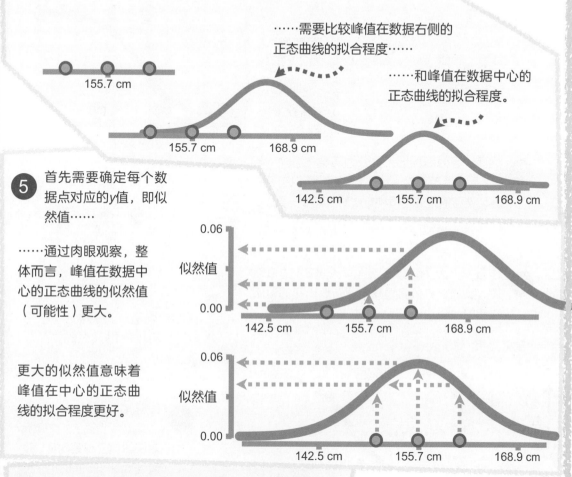

5 首先需要确定每个数据点对应的y值，即似然值……

……通过肉眼观察，整体而言，峰值在数据中心的正态曲线的似然值（可能性）更大。

更大的似然值意味着峰值在中心的正态曲线的拟合程度更好。

6 注：当通过正态曲线来拟合数据时，并没有用到概率，因为在正态曲线下得到任意测量值的概率是0（参见第3章）。

7 如上述例子所示，概率和似然可以是不同的。然而，在接下来的例子中可以看到情况并非总是如此：有时候概率和似然是相同的。当两者相同时，可以任选其一用于拟合数据。但为了保持统计术语的一致性，在进行数据拟合的情况下，通常使用似然。

既然我们知道如何使用似然来拟合曲线，那么下面我们谈谈如何通过逻辑回归将曲线与数据拟合的主要思想。

1 在线性回归中，我们通过直线来拟合数据，使其残差平方和（SSR）最小。

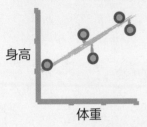

身高

体重

相反，逻辑回归使用似然值（y值）而非残差，通过代表最大似然值（Maximum Likelihood）的曲线来拟合数据。

1=喜欢《矮人怪2》

喜欢《矮人怪2》的概率

0=不喜欢《矮人怪2》

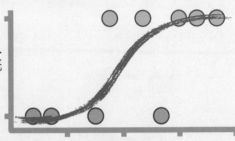

爆米花(g)

2 然而，因为需要把人群分为两类：喜欢《矮人怪2》或者不喜欢《矮人怪2》，所以有两种计算似然值的方式，每种方式对应其中一类。

○ 喜欢《矮人怪2》

● 不喜欢《矮人怪2》

3 比方说，为了计算喜欢《矮人怪2》的似然值，会通过这条曲线找到消费爆米花的量所对应的y值……

……这里y值等于0.4，同时代表了喜欢《矮人怪2》的概率以及似然值。

1=喜欢《矮人怪2》

喜欢《矮人怪2》的概率

0=不喜欢《矮人怪2》

爆米花(g)

4 同样地，另外一个人也喜欢《矮人怪2》，其所对应的似然值是0.6，即消费爆米花的量所对应的y值。

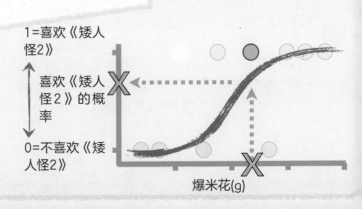

1=喜欢《矮人怪2》

喜欢《矮人怪2》的概率

0=不喜欢《矮人怪2》

爆米花(g)

5 相反，对于不喜欢《矮人怪2》的另一类人而言，似然值的计算是不同的，因为之前例子中y轴所对应的是喜欢《矮人怪2》的概率。

○ =喜欢《矮人怪2》

● =不喜欢《矮人怪2》

好消息是，因为本例中的人群只有喜欢或者不喜欢《矮人怪2》两种，所以不喜欢该部电影的概率是1减去喜欢它的概率……

1=喜欢《矮人怪2》

喜欢《矮人怪2》的概率

0=不喜欢《矮人怪2》

爆米花(g)

p(不喜欢《矮人怪2》)=1−p(喜欢《矮人怪2》)

又因为y轴同时代表了概率和似然，所以可以根据以下公式计算似然值。

L(不喜欢《矮人怪2》)=1−L(喜欢《矮人怪2》)

6 举例来说，为了计算某人不喜欢《矮人怪2》的似然值……

1=喜欢《矮人怪2》

喜欢《矮人怪2》的概率

0=不喜欢《矮人怪2》

爆米花(g)

……会先计算其喜欢《矮人怪2》的似然值，0.8……

1=喜欢《矮人怪2》

喜欢《矮人怪2》的概率

0=不喜欢《矮人怪2》

爆米花(g)

……然后通过该值，计算其不喜欢《矮人怪2》的似然值：1−0.8 =0.2。

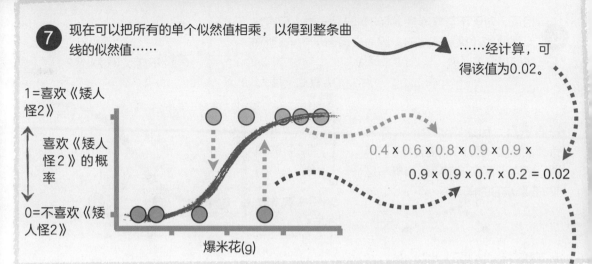

7 现在可以把所有的单个似然值相乘，以得到整条曲线的似然值……

……经计算，可得该值为0.02。

0.4 x 0.6 x 0.8 x 0.9 x 0.9 x

0.9 x 0.9 x 0.7 x 0.2 = 0.02

1=喜欢《矮人怪2》

喜欢《矮人怪2》的概率

0=不喜欢《矮人怪2》

爆米花(g)

VS

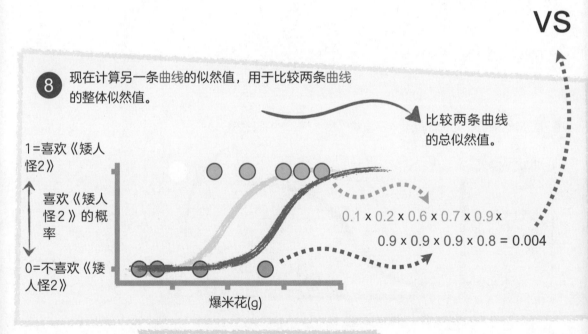

8 现在计算另一条曲线的似然值，用于比较两条曲线的整体似然值。

比较两条曲线的总似然值。

0.1 x 0.2 x 0.6 x 0.7 x 0.9 x

0.9 x 0.9 x 0.9 x 0.8 = 0.004

1=喜欢《矮人怪2》

喜欢《矮人怪2》的概率

0=不喜欢《矮人怪2》

爆米花(g)

9 目标是找到具有最大似然值的曲线。

在实践中，通常通过梯度下降法来找到最优曲线。

赞！赞！赞！

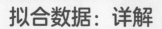
拟合数据：详解

1 迄今为止用到的训练数据集相对较小，一共仅有9个数据点……

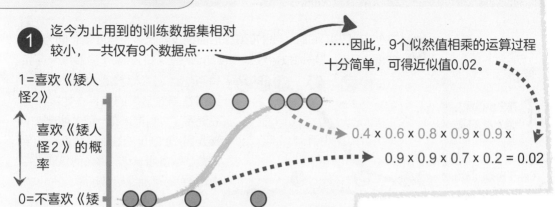

1=喜欢《矮人怪2》

喜欢《矮人怪2》的概率

0=不喜欢《矮人怪2》

爆米花(g)

……因此，9个似然值相乘的运算过程十分简单，可得近似值0.02。

0.4 x 0.6 x 0.8 x 0.9 x 0.9 x

0.9 x 0.9 x 0.7 x 0.2 = 0.02

2 然而，如果训练数据集过大，并且需要把许多0到1之间的小数相乘，那么会出现一个称为下溢（Underflow）的计算问题。

从技术上讲，当一种数学运算（如乘法）产生的数字小于计算机能够存储的数字时，就会发生下溢。

下溢可能会导致运算错误，或者奇怪且不可预测的运算结果。

如果读者想要深入学习逻辑回归，那么可以在作者的YouTube频道自行搜索相关内容。

3 一种避免下溢的常见方法是对乘法运算取对数（通常是取自然对数e），即把乘法运算转换为加法运算……

$\log(0.4 \times 0.6 \times 0.8 \times 0.9 \times 0.9 \times 0.9 \times 0.9 \times 0.7 \times 0.2)$

$=\log(0.4) + \log(0.6) + \log(0.8) + \log(0.9) + \log(0.9) +$

$\log(0.9) + \log(0.9) + \log(0.7) + \log(0.2)$

$=-4.0$

……这样就可以把一个相对接近于0的数，比如0.02，转换成一个绝对值更大的数，比如-4.0。

1 在使用逻辑回归时，我们假设S形曲线（若有多个自变量，则为S形曲面）可以很好地拟合数据。换句话说，我们假设了消费爆米花和是否喜欢《矮人怪2》这两个变量之间存在相对直接的关系：如果有人只消费了少量爆米花，那么他喜欢《矮人怪2》的可能性相对较低；如果消费了很多爆米花，那么他喜欢《矮人怪2》的可能性相对较高。

1=喜欢《矮人怪2》

喜欢《矮人怪2》的概率

0=不喜欢《矮人怪2》

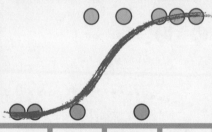

爆米花(g)

2 问题在于，如果数据中消费爆米花较多和较少的人都不喜欢《矮人怪2》……

……而消费适中的人却会喜欢《矮人怪2》，那么就不符合逻辑回归的假设。

1=喜欢《矮人怪2》

喜欢《矮人怪2》的概率

0=不喜欢《矮人怪2》

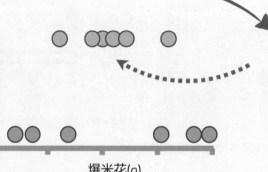

爆米花(g)

1=喜欢《矮人怪2》

喜欢《矮人怪2》的概率

0=不喜欢《矮人怪2》

爆米花(g)

3 在这种情况下，若还坚持使用逻辑回归的S形曲线来拟合数据，则会得到一个可怕的模型：错误地把消费大量爆米花的人归类为喜欢《矮人怪2》。

4 因此，逻辑回归的局限性之一是它假设了S形曲线可以很好地拟合数据。若这不是一个有效的假设，则需要决策树（见第10章）、支持向量机（见第11章）、神经网络（见第12章）或者其他一些可以处理数据之间复杂关系的算法。

接下来让我们一起学习用于分类的朴素贝叶斯。

第7章

朴素贝叶斯

朴素贝叶斯：主要思想

1 问题：让我们从一堆杂乱无章的短信开始，其中一些是来自朋友和家人的正常短信……

……另一些则是垃圾短信，通常是广告短信甚至诈骗短信……

……需要把正常短信和垃圾短信区分开来。

2 一个解决方案：可以使用朴素贝叶斯（Naive Bayes）分类器：一种简约却非常有效的机器学习算法。

3 设想收到一条内容为"亲爱的朋友"的短信，需要通过以下两个不同的等式将其归类为正常短信或者垃圾短信。两个等式中的一个用于正常短信，另一个用于垃圾短信。

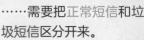

亲爱的朋友

4 首先需要一个先验概率（Prior Probabilities）：对短信是否属于正常短信（用N表示）的一个初始猜测……

* 译者注：此处英文短信的内容是两个单词：Dear Friend，因此，需要对两个单词分别计算概率。

……另外需要知道在给定短信是正常短信的情况下（注：竖线符号|代表给定某条件），分别出现"亲爱的"以及"朋友"的概率*，最后把这3个概率相乘。

$$p(N) \times p(\text{"亲爱的"} \mid N) \times p(\text{"朋友"} \mid N)$$

5 对于垃圾短信的等式：同样需要一个先验概率，即对短信是否属于垃圾短信（用S表示）的一个初始猜测……

$$p(S) \times p(\text{"亲爱的"} \mid S) \times p(\text{"朋友"} \mid S)$$

……以及需要知道当给定短信是垃圾短信时，分别出现"亲爱的"以及"朋友"的概率，最后把这3个概率相乘。

6 将4和5的所得结果进行比较，数值更大的结果便是最后的分类类别。

1 朴素贝叶斯算法有数种类型，但最常见的还是多项朴素贝叶斯（Multinomial Naive Bayes）。

2 我们从训练数据开始：有8条已知的正常短信……

……和4条已知的垃圾短信。

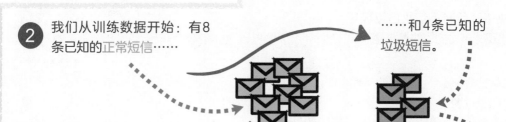

3 对正常短信中所有词汇出现的次数绘制直方图……

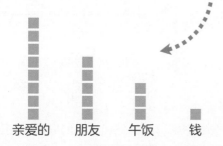

亲爱的　　朋友　　午饭　　钱

4 以及对垃圾短信中所有词汇出现的次数绘制直方图……

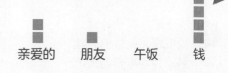

亲爱的　　朋友　　午饭　　钱

5 现在，给定短信是正常短信，计算每个词汇出现的概率。

举例来说，给定词汇来自正常短信（记住，竖线符号 | 代表给定某条件），出现"亲爱的"的概率是……

$$p(\text{"亲爱的"} \mid N) = \frac{8}{17} = 0.47$$

……在正常短信中出现"亲爱的"的次数（8）除以正常短信中词汇出现的所有次数（17），得到0.47。

$p(\text{"亲爱的"} \mid N) = 0.47$

$p(\text{"朋友"} \mid N) = 0.29$

$p(\text{"午饭"} \mid N) = 0.18$

$p(\text{"钱"} \mid N) = 0.06$

依次类推，计算所有正常短信中出现其他词汇的概率。

6 接下来，给定短信是垃圾短信，计算每个词汇出现的概率。

亲爱的　朋友　午饭　钱

举例来说，给定词汇来自垃圾短信，出现"亲爱的"的概率是……

$$p(\text{"亲爱的"} \mid S) = \frac{2}{7} = 0.29$$

……在垃圾短信中出现"亲爱的"的次数（2）除以垃圾短信中词汇出现的所有次数（7），得到0.29。

$$p(\text{"亲爱的"} \mid S) = 0.29$$

依次类推，计算所有垃圾短信中出现其他词汇的概率。

$p(\text{"朋友"} \mid S) = 0.14$

$p(\text{"午饭"} \mid S) = 0.00$

$p(\text{"钱"} \mid S) = 0.57$

7 接下来，需要计算先验概率。此处的先验概率是在不查阅短信内容的情况下，对正常短信还是垃圾短信所做出的一个猜测。

注：先验概率可以是任何成对的概率*，但通常可以从训练数据中获得。

* 译者注：两个分类下的先验概率之和等于1。

8 举例来说，因为12条短信中有8条是正常短信，所以可以设正常短信的先验概率是8/12 = 0.67……

$$p(N) = \frac{\text{正常短信的数量}}{\text{所有短信的数量}} = \frac{8}{12} = 0.67$$

$$p(S) = \frac{\text{垃圾短信的数量}}{\text{所有短信的数量}} = \frac{4}{12} = 0.33$$

9 ……又因为12条短信中有4条是垃圾短信，所以可以设垃圾短信的先验概率是4/12 = 0.33。

10 有了正常短信的先验概率……

……以及正常短信中每个词汇出现的概率……

……就可以计算短信内容为"亲爱的朋友"是正常短信的得分*了……

$p(\text{N}) = 0.67$

$p(\text{"亲爱的"}|\text{N}) = 0.47$
$p(\text{"朋友"}|\text{N}) = 0.29$
$p(\text{"午饭"}|\text{N}) = 0.18$
$p(\text{"钱"}|\text{N}) = 0.06$

亲爱的
朋友

$p(\text{N}) \times p(\text{"亲爱的"}|\text{N}) \times p(\text{"朋友"}|\text{N}) = 0.67 \times 0.47 \times 0.29 = 0.09$

* 译者注：此处在严格意义上需要计算$p(\text{N}|\text{"亲爱的朋友"})$。在"朴素贝叶斯：常见问题3"中，作者阐述了简化运算的原因。为做出区分，该概率相乘的形式被称为得分。

11 将正常短信的先验概率……

……与在正常短信中出现"亲爱的"以及"朋友"的概率相乘……

……可得0.09。

12 同样地，根据垃圾短信的先验概率……

……以及垃圾短信中每个词汇出现的概率……

……就可以计算短信内容为"亲爱的朋友"是垃圾短信的得分。经计算，得分为0.01。

$p(\text{S}) = 0.33$

$p(\text{"亲爱的"}|\text{S}) = 0.29$
$p(\text{"朋友"}|\text{S}) = 0.14$
$p(\text{"午饭"}|\text{S}) = 0.00$
$p(\text{"钱"}|\text{S}) = 0.57$

$p(\text{S}) \times p(\text{"亲爱的"}|\text{S}) \times p(\text{"朋友"}|\text{S}) = 0.33 \times 0.29 \times 0.14 = 0.01$

虽然朴素贝叶斯是非常简约的机器学习算法，但它非常有效。

13 总结一下，我们的目标是区分内容为"亲爱的朋友"的短信是正常短信还是垃圾短信……

……从由8条正常短信和4条垃圾短信组成的训练数据开始……

……首先计算先验概率。这里只需要做出猜测，而不需要根据短信内容来判断短信本身是正常短信还是垃圾短信。

$$p(\text{N}) = \frac{\text{正常短信的数量}}{\text{所有短信的数量}} = 0.67$$

$$p(\text{S}) = \frac{\text{垃圾短信的数量}}{\text{所有短信的数量}} = 0.33$$

……接下来，根据训练数据，构建短信词汇的直方图……

亲爱的　朋友　午饭　钱

$p(\text{"亲爱的"}|\text{N}) = 0.47$
$p(\text{"朋友"}|\text{N}) = 0.29$
$p(\text{"午饭"}|\text{N}) = 0.18$
$p(\text{"钱"}|\text{N}) = 0.06$

……通过直方图，计算概率……

亲爱的　朋友　午饭　钱

$p(\text{"亲爱的"}|\text{S}) = 0.29$
$p(\text{"朋友"}|\text{S}) = 0.14$
$p(\text{"午饭"}|\text{S}) = 0.00$
$p(\text{"钱"}|\text{S}) = 0.57$

……然后，通过先验概率，以及每个词汇的概率（给定来自正常短信还是垃圾短信），来计算"亲爱的朋友"的得分……

……最终可以对"亲爱的朋友"这条短信做出判断了！因为正常短信的得分（0.09）大于垃圾短信的得分（0.01），所以把这条短信归类为正常短信。

亲爱的朋友

$p(\text{N}) \times p(\text{"亲爱的"}|\text{N}) \times p(\text{"朋友"}|\text{N}) = 0.67 \times 0.47 \times 0.29 = 0.09$
$p(\text{S}) \times p(\text{"亲爱的"}|\text{S}) \times p(\text{"朋友"}|\text{S}) = 0.33 \times 0.29 \times 0.14 = 0.01$

赞！

14 该算法的名字中含有"朴素"的原因是我们假设了每个词汇都互相独立，而忽略词汇间的语序和措辞。

这意味着"亲爱的朋友"和"朋友亲爱的"的得分都是0.09。

$p(N) \times p(朋友 | N) \times p(亲爱的 | N) = 0.67 \times 0.29 \times 0.47 = 0.09$

$p(N) \times p(亲爱的 | N) \times p(朋友 | N) = 0.67 \times 0.47 \times 0.29 = 0.09$

---

15 缺失数据在理论上可能会成为一个问题。在之前的例子中，"午饭"一词没有出现在任何垃圾短信中……

……即垃圾短信中出现"午饭"一词的概率是0……

……这意味着任何包含"午饭"一词的短信都会被视为正常短信，因为垃圾短信的得分永远是0。

亲爱的　朋友　午饭　钱

$p(亲爱的 | S) = 0.29$

$p(朋友 \quad | S) = 0.14$

$p(午饭 \quad | S) = 0.00$

$p(钱 \quad\quad | S) = 0.57$

---

16 举个例子，如果短信长这样…… 钱！钱！钱！钱！午饭！

……这通常会被人们认为是一条垃圾短信，因为多次出现了"钱"。

然而，计算其得分……

……因为$p($"午饭"$|S)=0$，0乘以任何数都是0，所以结果为0，即这条短信被判断为正常短信。

$p(S) \times p($"钱"$|S) \times p($"钱"$|S) \times p($"钱"$|S) \times p($"钱"$|S) \times p($"午饭"$|S)$

$= 0.33 \times 0.57 \times 0.57 \times 0.57 \times 0.57 \times 0 = 0$

好消息是有一个简单的方法可以用来处理缺失数据，下一页会进行解答。

多项朴素贝叶斯：处理缺失数据

1 若训练数据集不够大，则很容易发生数据缺失（见第3章中直方图的例子）。对于朴素贝叶斯或其他基于直方图的算法来说，缺失数据可能会造成实质影响。

因此，朴素贝叶斯通过对词汇进行伪计数来解决数据缺失的问题。

2 伪计数（pseudocount）向每个词汇添加额外数值，通常而言，增加伪计数就是在每个词汇的计数上加1。此处伪计数用黑色的方点表示。

注：即使仅在一个直方图中出现缺失数据，也要在两个直方图中的每个词汇中添加伪计数。

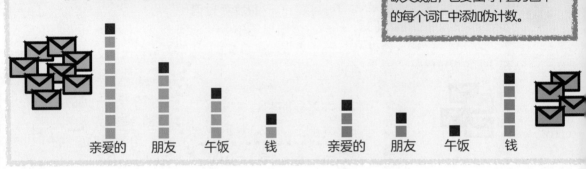

3 在直方图中添加伪计数后，计算方法与之前概率的计算类似，只不过在计算中包含了伪计数。

$p($"亲爱的"$|$N$) = 0.43$ $p($"亲爱的"$|$S$) = 0.27$
$p($"朋友"$|$N$) = 0.29$ $p($"朋友"$|$S$) = 0.18$
$p($"午饭"$|$N$) = 0.19$ $p($"午饭"$|$S$) = 0.09$
$p($"钱"$|$N$) = 0.10$ $p($"钱"$|$S$) = 0.45$

$$p(\text{"亲爱的"}|\text{N}) = \frac{8+1}{17+4} = 0.43$$

4 现在"钱！钱！钱！钱！午饭！"这条短信的得分是……

$$p(\text{N}) \times p(\text{"钱"}|\text{N})^4 \times p(\text{"午饭"}|\text{N}) = 0.67 \times 0.10^4 \times 0.19 = 0.00001$$

$$p(\text{S}) \times p(\text{"钱"}|\text{S})^4 \times p(\text{"午饭"}|\text{S}) = 0.33 \times 0.45^4 \times 0.09 = 0.00122$$

5 因为垃圾短信的得分（0.00122）大于正常短信的得分（0.00001），所以把该条短信归类为垃圾短信。

垃圾短信！

多项朴素贝叶斯 vs 高斯朴素贝叶斯

① 迄今为止，朴素贝叶斯算法适用于离散数据，比如短信中的每个词汇……

正常短信　　　垃圾短信

……通过构建直方图……

……计算用于分类的概率。

亲爱的　　朋友　　午饭　　钱

亲爱的　　朋友　　午饭　　钱

$p(\text{"亲爱的"} \mid N) = 0.43$　$p(\text{"亲爱的"} \mid S) = 0.27$

$p(\text{"朋友"} \mid N) = 0.29$　$p(\text{"朋友"} \mid S) = 0.18$

$p(\text{"午饭"} \mid N) = 0.19$　$p(\text{"午饭"} \mid S) = 0.09$

$p(\text{"钱"} \mid N) = 0.10$　$p(\text{"钱"} \mid S) = 0.45$

② 相反，当存在连续数据时，比如4个喜欢《矮人怪2》的人的食品消费数据……

……以及3个不喜欢《矮人怪2》的人的食品消费数据……

爆米花（g）	碳酸饮料（ml）	糖果（g）
24.3	750.7	0.2
28.2	533.2	50.5
……	……	……

爆米花（g）	碳酸饮料（ml）	糖果（g）
2.1	120.5	90.7
4.8	110.9	102.3
……	……	……

……可以通过计算每列数据的均值和标准差，制作高斯曲线（即正态曲线）……

爆米花（g）

碳酸饮料（ml）

……继而进行分类。

糖果（g）

1 首先需要对每个特征（即训练数据中用于预测的每一列）创建高斯曲线。

从变量爆米花开始，对于喜欢《矮人怪2》的人，消费爆米花克数的均值为4，标准差（sd）为2。根据这些值来制作高斯曲线。

接着，对于不喜欢《矮人怪2》的人，其对应高斯曲线的均值为24，标准差为4。

爆米花(g)	碳酸饮料(ml)	糖果(g)
24.3	750.7	0.2
28.2	533.2	50.5
……	……	……

2.1	120.5	90.7
4.8	110.9	102.3
……	……	……

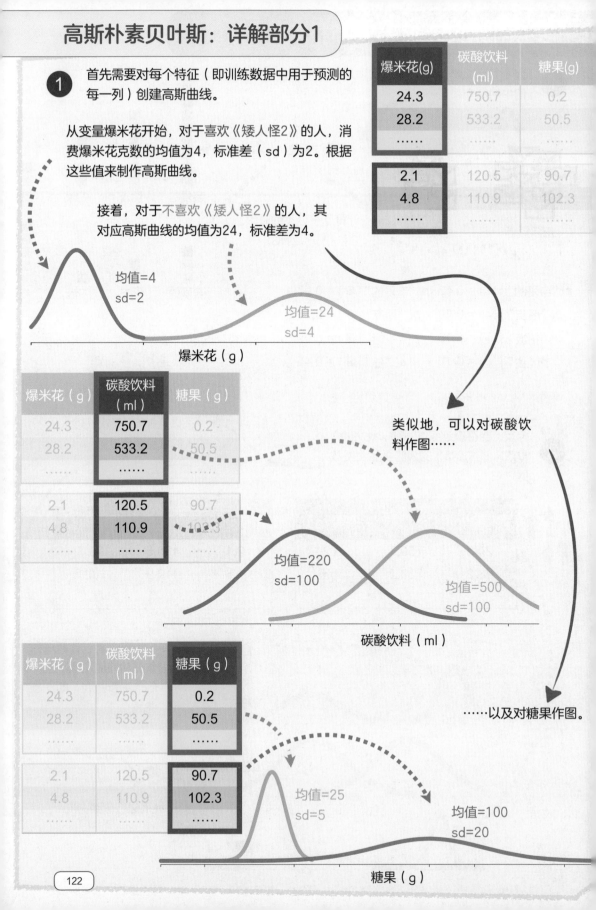

均值=4
sd=2

均值=24
sd=4

爆米花（g）

爆米花（g）	碳酸饮料（ml）	糖果（g）
24.3	750.7	0.2
28.2	533.2	50.5
……	……	……

2.1	120.5	90.7
4.8	110.9	102.3
……	……	……

类似地，可以对碳酸饮料作图……

均值=220
sd=100

均值=500
sd=100

碳酸饮料（ml）

爆米花（g）	碳酸饮料（ml）	糖果（g）
24.3	750.7	0.2
28.2	533.2	50.5
……	……	……

2.1	120.5	90.7
4.8	110.9	102.3
……	……	……

……以及对糖果作图。

均值=25
sd=5

均值=100
sd=20

糖果（g）

2 现在需要计算喜欢《矮人怪2》的人群的先验概率。

和多项朴素贝叶斯算法一样，这里的先验概率也仅仅是一种猜测，它可以是任何值，但通常该估计与训练数据中的人数有关。

$$p(喜欢《矮人怪2》) = \frac{喜欢《矮人怪2》的人数}{所有人数} = \frac{4}{4+3} = 0.6$$

在该例中，训练数据包含了4个喜欢《矮人怪2》和3个不喜欢《矮人怪2》的人。

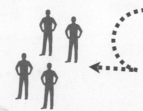

3 接下来计算不喜欢《矮人怪2》的人群的先验概率……

$$p(不喜欢《矮人怪2》) = \frac{不喜欢《矮人怪2》的人数}{所有人数}$$

$$= \frac{3}{4+3} = 0.4$$

4 现在，假设来了一个新人……

他吃了20g爆米花……

……喝了500ml碳酸饮料……

……吃了100g糖果……

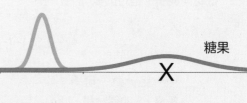

爆米花

碳酸饮料

糖果

5 ……为了计算他喜欢《矮人怪2》的得分，需要先计算喜欢《矮人怪2》的先验概率……

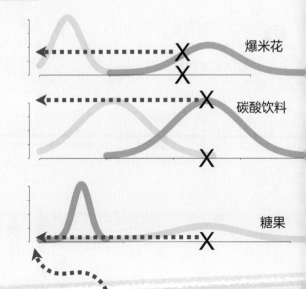

爆米花

碳酸饮料

糖果

p(喜欢《矮人怪2》) ×
L(爆米花=20| 喜欢) ×
L(碳酸饮料=500|喜欢) ×
L(糖果=100| 喜欢)

……以及给定喜欢《矮人怪2》的似然值（即对应20g爆米花、500ml碳酸饮料和100g糖果的y坐标），相乘的结果即为得分。

6 注：把实际数字代入后……

……会发现糖果的似然值很低，因为y值基本接近于0……

……当所得数值非常接近于0时，计算机就很难处理相乘的结果，这个问题便是下溢（Underflow）。

p(喜欢《矮人怪2》)x •••••▶ 0.6x

L(爆米花 = 20 | 喜欢)x •••••▶ 0.06x

L(碳酸饮料 = 500 | 喜欢)x •••••▶ 0.004x

L(糖果 = 100 | 喜欢) •••••▶ 0.000000000...001

7 为了避免该问题，可以通过对乘法取对数的方法（通常为自然对数e），把乘法问题转换为加法问题。

$\log(0.6 × 0.06 × 0.004 × 非常小的数) = \log0.6 + \log0.06 + \log0.004 + \log(非常小的数)$

……这样就把一个相对接近于0的数转换成一个相对远离0的数……

$=(-0.51)+(-2.8)+(-5.52)+(-115) = -124$

……经计算，可得喜欢《矮人怪2》的得分是-124。

8 同样地，为了计算观众不喜欢《矮人怪2》的得分，需要计算其先验概率……

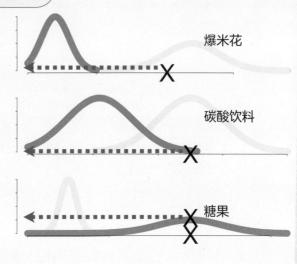

爆米花

碳酸饮料

糖果

p(不喜欢) ×
　　L(爆米花=20| 不喜欢) ×
　　L(碳酸饮料=500|不喜欢) ×
　　L(糖果=100| 不喜欢)

……以及爆米花、碳酸饮料和糖果分别对应的不喜欢《矮人怪2》分布的似然值。相乘之前，需要先取对数……

$\log(p$(不喜欢)$)+$
$\log(L$(爆米花=20| 不喜欢)$)+$
$\log(L$(碳酸饮料=500|不喜欢)$)+$
$\log(L$(糖果=100| 不喜欢)$)$

……代入后，计算可得−48。

$\log(0.4)+\log$(非常小的数)$+\log(0.00008)+\log(0.02)$
$=(-0.92)+(-33.61)+(-9.44)+(-3.91)=-48$

9 最后，因为不喜欢《矮人怪2》的得分（−48）大于喜欢《矮人怪2》的得分（−124），所以把这名观众归类为……

……不喜欢《矮人怪2》。

$\log$(喜欢《矮人怪2》)$=-124$

$\log$(不喜欢《矮人怪2》)$=-48$

赞！赞！

学习了多项朴素贝叶斯以及高斯朴素贝叶斯之后，让我们来解答一下常见问题。

如果连续数据不是高斯分布，还可以使用高斯朴素贝叶斯算法吗？

虽然朴素贝叶斯算法经常用于高斯分布（正态分布），但它也可用于任何统计分布。

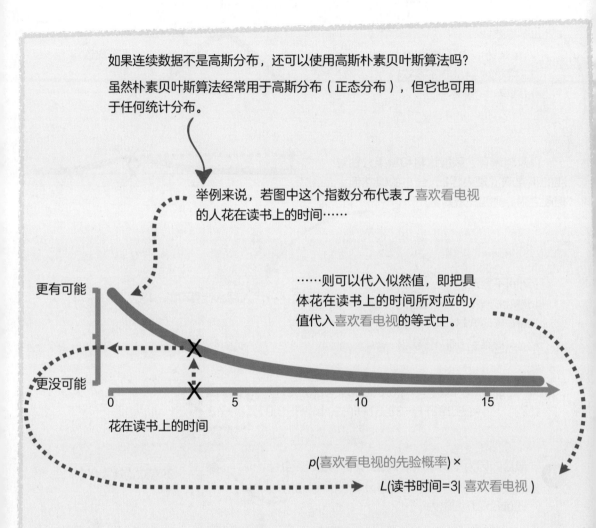

举例来说，若图中这个指数分布代表了喜欢看电视的人花在读书上的时间……

……则可以代入似然值，即把具体花在读书上的时间所对应的 y 值代入喜欢看电视的等式中。

更有可能

更没可能

花在读书上的时间

p(喜欢看电视的先验概率) ×

L(读书时间=3| 喜欢看电视)

然而，使用指数分布有一个问题……
……不能称其为高斯朴素贝叶斯了，
而应该改称为指数朴素贝叶斯。

如果数据中既有离散数据，又有连续数据，该怎么办？还能使用朴素贝叶斯算法吗？

当然可以！可以把多项朴素贝叶斯的直方图方法和高斯朴素贝叶斯的分布方法结合在一起使用。

举例来说，如果有来自正常短信以及垃圾短信的词频统计，那么就可以通过这些信息来构建直方图和概率……

……此外，如果还有接收正常短信或垃圾短信的间隔时间，那么就可以计算其对应指数分布的似然值。然后，把词频统计（离散数据）和间隔时间（连续数据）结合起来……

正常短信

亲爱的　朋友　午饭　钱

……用于计算一条新短信分别是正常短信和垃圾短信的得分，比如25秒后接收到一条内容为"亲爱的朋友"的短信。

间隔时间
24.3
28.2
……

似然值

正常短信的间隔时间

$\log(p(正常短信))+$
$\log(p("亲爱的"|\ 正常短信\ ))+$
$\log(p("朋友"|正常短信))+$
$\log(L(间隔时间=25|\ 正常短信))$

垃圾短信

亲爱的　朋友　午饭　钱

似然值

间隔时间
5.3
7.1
……

垃圾短信的间隔时间

$\log(p(垃圾短信))+\log(p("亲爱的"|垃圾短信))+$

$\log(p("朋友"|垃圾短信))+\log(L(间隔时间=25|垃圾短信)))$

赞！赞！赞！

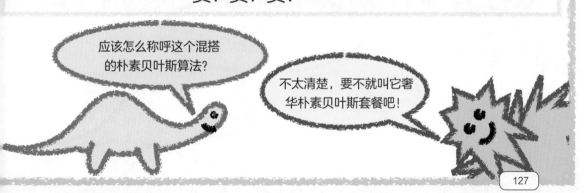

应该怎么称呼这个混搭的朴素贝叶斯算法？

不太清楚，要不就叫它奢华朴素贝叶斯套餐吧！

朴素贝叶斯：常见问题3

朴素贝叶斯和贝叶斯定理有何关联？

$p(\text{N}|\text{"亲爱的朋友"})$

$$\frac{p(\text{N}) \times p(\text{"亲爱的"}|\text{N}) \times p(\text{"朋友"}|\text{N})}{p(\text{N}) \times p(\text{"亲爱的"}|\text{N}) \times p(\text{"朋友"}|\text{N}) + p(\text{S}) \times p(\text{"亲爱的"}|\text{S}) \times p(\text{"朋友"}|\text{S})}$$

$p(\text{S}|\text{"亲爱的朋友"})$

$$\frac{p(\text{S}) \times p(\text{"亲爱的"}|\text{S}) \times p(\text{"朋友"}|\text{S})}{p(\text{N}) \times p(\text{"亲爱的"}|\text{N}) \times p(\text{"朋友"}|\text{N}) + p(\text{S}) \times p(\text{"亲爱的"}|\text{S}) \times p(\text{"朋友"}|\text{S})}$$

如果想要进行冗余的运算，那么可以把各类的得分除以所有分类得分之和，公式的展开形式便是贝叶斯定理。

因为两个等式中的分母相同，所以通常省略分母，通过分子就可以判断分类结果。

正态恐龙，现在有了两种用于分类的算法，该选择哪一种呢？

统计野人，这是一个好问题！答案在下一章中，继续学习吧！

128

第8章

模型性能度量

1 问题：在不知晓各个模型预测
性能优劣的情况下，假设需要
通过该数据集来预测某位患者
是否患有心脏病。

胸痛	血运良好	动脉阻塞	体重（磅）	心脏病
否	否	否	125	否
是	是	是	180	是
是	是	否	210	否
……	……	……	……	……

选择朴素贝叶斯……

……还是逻辑回归？

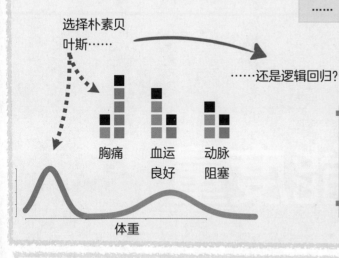

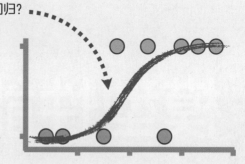

胸痛　血运良好　动脉阻塞

体重

2 一个解决方案：如果需要比较模型性能的优劣，则可以使
用多种工具来度量模型的性能，例如……

		预测类别	
		患有心脏病	没有心脏病
实际类别	患有心脏病	142	22
	没有心脏病	29	110

混淆矩阵（Confusion
Matrix）：通过简单的
单元格来判断模型的
性能……

接收者操作特征曲线
（Receiver Operator
Curves、ROC曲线或
ROC图）：通过简易方
法来评估每个模型在不
同分类阈值下的表现。
让我们首先来学习混淆
矩阵。

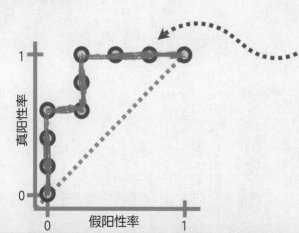

真阳性率

假阳性率

1 假设需要通过该数据集来预测某位患者是否患有心脏病，并且在朴素贝叶斯模型和逻辑回归模型之间做出选择。

胸痛	血运良好	动脉阻塞	体重（磅）	心脏病
否	否	否	125	否
是	是	是	180	是
是	是	否	210	否
……	……	……	……	……

胸痛	血运良好	动脉阻塞	体重（磅）	心脏病
否	否	否	125	否
……	……	……	……	……

胸痛	血运良好	动脉阻塞	体重（磅）	心脏病
是	是	否	210	否
……	……	……	……	……

2 把数据分成两个部分……

……通过交叉验证法，使用第一部分数据来优化上述两个模型。

3 把优化后的朴素贝叶斯模型应用到第二部分的真实数据中。通过构建混淆矩阵来追踪以下4个部分：1）有心脏病的患者被正确归类为患有心脏病……

……2）有心脏病的患者被错误归类为没有心脏病……

……3）没有心脏病的患者被正确归类为没有心脏病……

……4）没有心脏病的患者被错误归类为患有心脏病。

		预测类别	
		患有心脏病	没有心脏病
实际类别	患有心脏病	142	22
	没有心脏病	29	110

4 类似地，可以根据优化后的逻辑回归模型，构建混淆矩阵……

		预测类别	
		是	否
实际类别	是	137	22
	否	29	115

大致上说，逻辑回归对没有心脏病的患者的预测能力更佳，而朴素贝叶斯对有心脏病的患者的预测能力更佳。

因此，如何选取合适的模型取决于我们的目的：更倾向于为患者确诊，还是更倾向于排除患有心脏病的可能性。

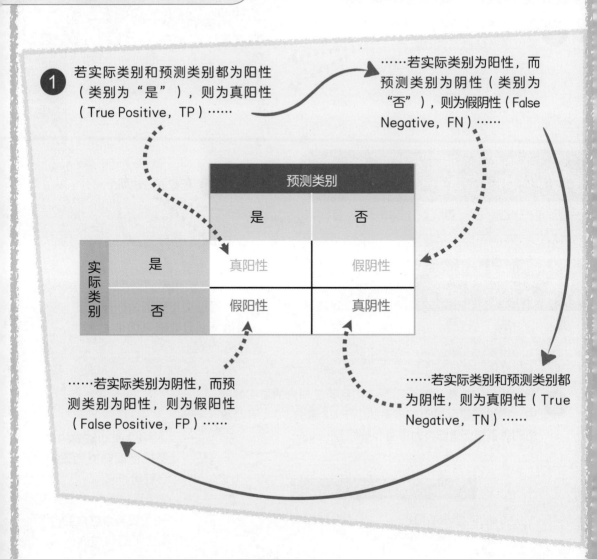

① 若实际类别和预测类别都为阳性（类别为"是"），则为真阳性（True Positive，TP）……

……若实际类别为阳性，而预测类别为阴性（类别为"否"），则为假阴性（False Negative，FN）……

……若实际类别为阴性，而预测类别为阳性，则为假阳性（False Positive，FP）……

……若实际类别和预测类别都为阴性，则为真阴性（True Negative，TN）……

嗨，正态恐龙，在我所有见过的矩阵中，混淆矩阵是最不容易让人混淆的。

同意！

2 如果结果只有两种可能性，比如"是"或"否"……

胸痛	血运良好	动脉阻塞	体重（磅）	心脏病
否	否	否	125	否
是	是	是	180	是
是	是	否	210	否
……	……	……	……	……

……那么对应的混淆矩阵为两行两列：每行每列都分为"是"和"否"。

		预测类别	
		患有心脏病	没有心脏病
实际类别	患有心脏病	142	22
	没有心脏病	29	110

3 如果结果有3种可能性，比如对电影的偏好：《矮人怪2》、《东京残酷警察》或《不羁小子》……

胸痛	血运良好	动脉阻塞	体重（磅）	心脏病
是	否	是	是	《矮人怪2》
否	否	是	否	《东京残酷警察》
否	是	是	是	《不羁小子》
……	……	……	……	……

……那么对应的混淆矩阵有3行3列。

		预测类别		
		《矮人怪2》	《东京残酷警察》	《不羁小子》
实际类别	《矮人怪2》	142	22	……
	《东京残酷警察》	29	110	……
	《不羁小子》	……	……	……

4 通常来说，混淆矩阵的维度与预测类别的个数一一对应。

5 混淆矩阵中行与列的排列顺序没有统一的标准。在多数情况下，行用来表示实际或已知的类别，列用来表示预测的类别。

		预测类别	
		患有心脏病	没有心脏病
实际类别	患有心脏病	真阳性	假阴性
	没有心脏病	假阳性	真阴性

在另外一些情况下恰恰相反：行用来表示预测的类别，而列用来表示实际或已知的类别。

因此，在解读混淆矩阵前，务必明确行与列的含义！

		实际类别	
		患有心脏病	没有心脏病
预测类别	患有心脏病	真阳性	假阳性
	没有心脏病	假阴性	真阴性

正态恐龙，我想这意味着如果过于粗心大意，那么混淆矩阵是会让人感到混淆的。

再次同意！

6 在原先的例子中，我们比较了朴素贝叶斯和逻辑回归的混淆矩阵……

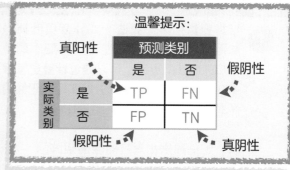

温馨提示：

		预测类别	
		是	否
实际类别	是	TP	FN
	否	FP	TN

真阳性 → TP　假阴性 → FN　假阳性 → FP　真阴性 → TN

朴素贝叶斯

		预测类别	
		是	否
实际类别	是	142	22
	否	29	110

逻辑回归

		预测类别	
		是	否
实际类别	是	137	22
	否	29	115

……因为两个模型所对应的矩阵中，假阴性都是22例，假阳性都是29例……

……所以，只需要量化比较真阳性的数量（142例 vs 137例），可以得出朴素贝叶斯模型在确诊心脏病时的预测能力优于逻辑回归。同样地，量化比较真阴性的数量（110例 vs 115例），可以得出逻辑回归模型在排除心脏病时的预测能力优于朴素贝叶斯。

7 假设两个模型同时使用一份其他的数据，发现结果中假阴性和假阳性的数量并不相同，会怎么样呢？

朴素贝叶斯

		预测类别	
		是	否
实际类别	是	142	29
	否	22	110

逻辑回归

		预测类别	
		是	否
实际类别	是	139	32
	否	20	112

可以看到，朴素贝叶斯对确诊心脏病的预测能力更优秀，但应当如何量化优劣程度则比较复杂，因为现在需要同时比较真阳性的数量（142例 vs 139例）和假阴性的数量（29例 vs 32例）。

此外，也可以看到逻辑回归对排除心脏病的预测能力会更好一点，但是如何量化就需要同时考虑真阴性的数量（110例 vs 112例）和假阳性的数量（22例 vs 20例）。

赞！

8 好消息是可以根据不同的组合来构建指标，从而量化模型算法的性能。我们会在接下来的内容中介绍第一种指标：灵敏度和特异度。

1 当需要量化某个算法（如朴素贝叶斯）能否正确判断实际阳性时，比如本例中已知的心脏病患者，可以通过计算灵敏度（Sensitivity）来实现，即实际为阳性的样本中，被正确判断为阳性的比例。

以心脏病数据和对应的混淆矩阵为例，朴素贝叶斯的灵敏度是0.83……

$$灵敏度 = \frac{真阳性}{真阳性 + 假阴性}$$

		预测类别	
		是	否
实际类别	是	TP	FN
	否	FP	TN

		预测类别	
		是	否
实际类别	是	142	29
	否	22	110

$$灵敏度 = \frac{TP}{TP + FN} = \frac{142}{142 + 29} = 0.83$$

……也就是说，在实际患有心脏病的人群中，被正确判断为患有心脏病的比例为83%。

赞！

2 当需要量化某个算法（如逻辑回归）能否正确判断实际阴性时，比如本例中没有心脏病的人群，可以通过计算特异度（Specificity）来实现，即实际为阴性的样本中，被正确判断为阴性的比例。

以心脏病数据和对应的混淆矩阵为例，逻辑回归的特异度是0.85……

$$特异度 = \frac{真阴性}{真阴性 + 假阳性}$$

		预测类别	
		是	否
实际类别	是	TP	FN
	否	FP	TN

		预测类别	
		是	否
实际类别	是	139	32
	否	20	112

$$特异度 = \frac{TN}{TN + FP} = \frac{112}{112 + 20} = 0.85$$

……也就是说，在实际没有心脏病的人群中，被正确判断为没有心脏病的比例为85%。

接下来，让我们学习精确率（Precision）和召回率（Recall）。

赞！赞！

真阳性

假阴性

		预测类别	
		是	否
实际类别	是	TP	FN
	否	FP	TN

假阳性

真阴性

1 精确率（Precision）是另一种可以总结混淆矩阵的指标，它的定义是所有预测为阳性的样本中（即真阳性加上假阳性），被正确判断为阳性的比例。

$$精确率 = \frac{真阳性}{真阳性 + 假阴性}$$

		预测类别	
		是	否
实际类别	是	TP	FN
	否	FP	TN

以心脏病数据和对应的混淆矩阵为例，朴素贝叶斯的精确率是0.87……

		预测类别	
		是	否
实际类别	是	142	29
	否	22	110

……也就是说，在确诊心脏病的164人中，87%的人的确患有心脏病。精确率代表了阳性结果的质量：精确率越高，阳性结果的质量越高。

$$精确率 = \frac{TP}{TP + FP} = \frac{142}{142 + 22} = 0.87$$

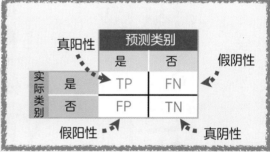

2 召回率（Recall）就是灵敏度的另一个名称：实际为阳性的样本中，被正确判断为阳性的比例。我们并不清楚同一概念为何有两个名字。

$$召回率 = 灵敏度 = \frac{真阳性}{真阳性 + 假阳性}$$

		预测类别	
		是	否
实际类别	是	TP	FN
	否	FP	TN

嗨，正态恐龙，记住灵敏度、特异度、精确率和召回率实在太难了。

同意！但是作者创作的滑稽歌曲会帮助你加强记忆。

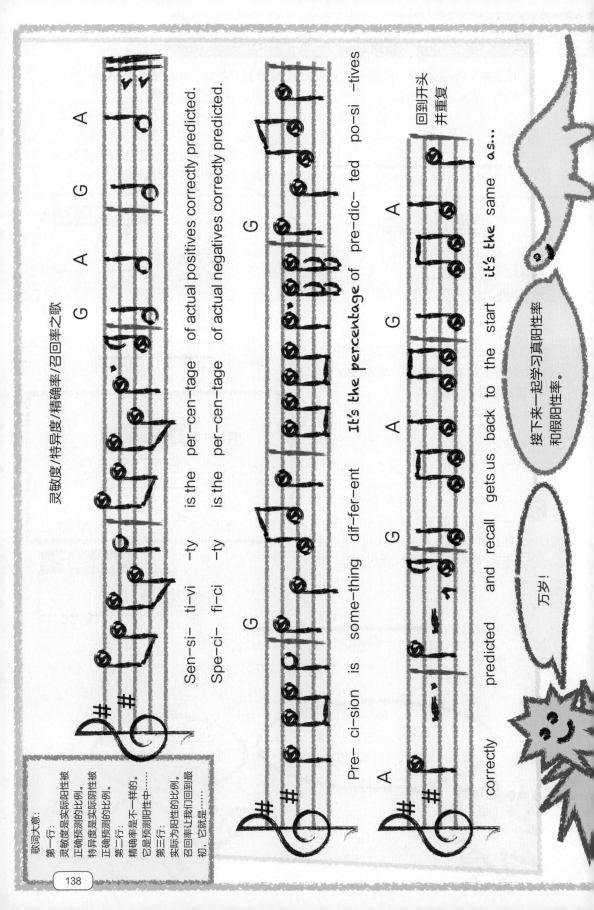

1 真阳性率（True Positive Rate）就是召回率/灵敏度的另一个名称。并没有开玩笑，我们有三个名词来描述同一概念：实际为阳性的样本中，被正确判断为阳性的比例。呃！呃！呃！

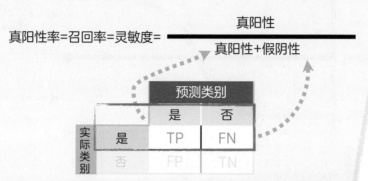

$$真阳性率=召回率=灵敏度=\frac{真阳性}{真阳性+假阴性}$$

2 假阳性率（False Positive Rate）是实际为阴性的样本中，被错误判断为阳性的比例。比如，在没有心脏病的人群中，被错误地归类为患有心脏病的人的比例。

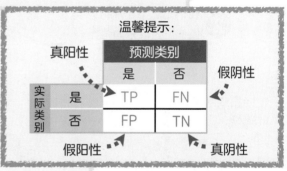

$$假阳性率=\frac{假阳性}{假阳性+真阴性}$$

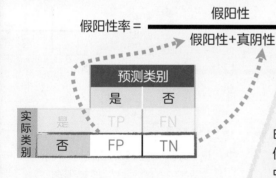

3 在学习了一堆复杂的术语后，可以将其用于总结单个混淆矩阵了吗？

由于我们很难记住所有术语，我建议不要一次性使用多种指标总结混淆矩阵。然而，在这些术语中，ROC曲线和精确率-召回率曲线（缩写PR曲线或PR图）（Precision Recall Curve）是很有用的工具。接下来让我们一起学习。

注：特异度的定义是实际为阴性的样本中，被正确判断为阴性的比例。因此：

假阳性率=1-特异度
特异度=1-假阳性

赞！

1 第6章介绍了如何通过逻辑回归预测人们是否喜欢《矮人怪2》，通常分类的阈值是50%……

1=喜欢《矮人怪2》

喜欢《矮人怪2》的概率

0=不喜欢《矮人怪2》

爆米花（g）

……这意味着，但凡预测的概率>50%，这名观众就被归类为喜欢《矮人怪2》……

……反之，若预测概率≤50%，则这名观众被归类为不喜欢《矮人怪2》。

2 我们通过50%的分类阈值，把人群分为两类……

……并构建混淆矩阵。

1=喜欢《矮人怪2》

喜欢《矮人怪2》的概率

0=不喜欢《矮人怪2》

爆米花（g）

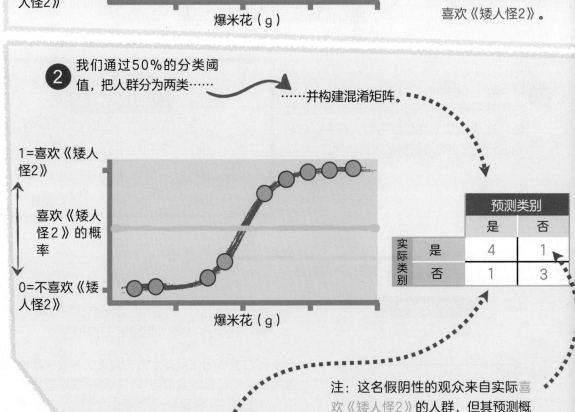

		预测类别	
		是	否
实际类别	是	4	1
	否	1	3

注：这名假阴性的观众来自实际喜欢《矮人怪2》的人群，但其预测概率为0.27。

注：这名假阳性的观众来自实际不喜欢《矮人怪2》的人群，但其预测概率为0.94。

3 如果使用不同的分类阈值来判断是否喜欢《矮人怪2》，会发生什么呢？

打个比方，如果正确区分所有喜欢《矮人怪2》的人是最重要的，那么可以把阈值设定为0.01。

1=喜欢《矮人怪2》

喜欢《矮人怪2》的概率

0=不喜欢《矮人怪2》

爆米花（g）

> 注：如果不理解为什么需要使用0.5以外的分类阈值，那么可以设想以下场景：需要判断患者是否感染埃博拉病毒。这就必须正确判断每一个病毒携带者，以最大限度地降低疫情暴发的风险。因此，即使会出现假阳性的病例，也必须要降低分类的阈值。

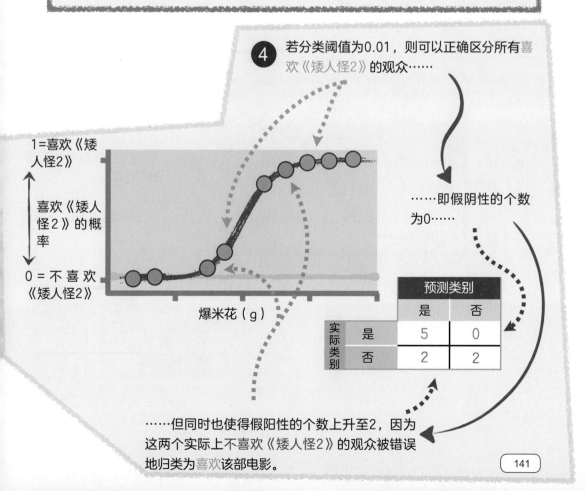

4 若分类阈值为0.01，则可以正确区分所有喜欢《矮人怪2》的观众……

1=喜欢《矮人怪2》

喜欢《矮人怪2》的概率

0 = 不 喜 欢《矮人怪2》

爆米花（g）

……即假阴性的个数为0……

		预测类别	
		是	否
实际类别	是	5	0
	否	2	2

……但同时也使得假阳性的个数上升至2，因为这两个实际上不喜欢《矮人怪2》的观众被错误地归类为喜欢该部电影。

5 反之，如果正确区分所有不喜欢《矮人怪2》的人是最重要的，那么可以把阈值设定为0.95……

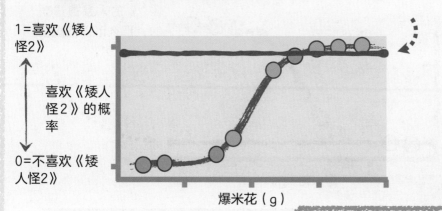

1=喜欢《矮人怪2》

喜欢《矮人怪2》的概率

0=不喜欢《矮人怪2》

爆米花（g）

温馨提示：

真阳性	预测类别		假阴性
	是	否	

实际类别	是	TP	FN
	否	FP	TN

假阳性　　　　　真阴性

6 现在假阳性的个数为0，因为所有不喜欢《矮人怪2》的观众都被正确归类了……

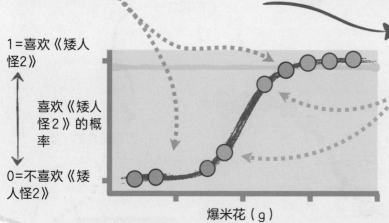

1=喜欢《矮人怪2》

喜欢《矮人怪2》的概率

0=不喜欢《矮人怪2》

爆米花（g）

……但现在假阴性的个数为2，因为这两个实际上喜欢《矮人怪2》的观众被错误地归类为不喜欢该部电影……

……其混淆矩阵如下所示。

		预测类别	
		是	否
实际类别	是	3	2
	否	0	4

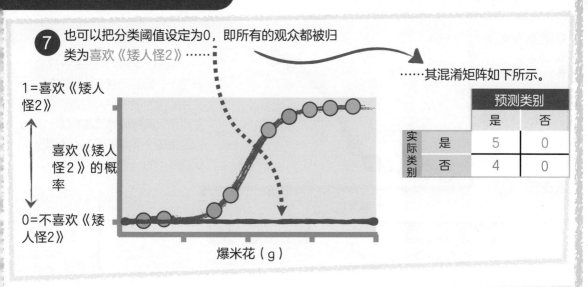

7 也可以把分类阈值设定为0，即所有的观众都被归类为喜欢《矮人怪2》……

……其混淆矩阵如下所示。

1=喜欢《矮人怪2》

喜欢《矮人怪2》的概率

0=不喜欢《矮人怪2》

爆米花（g）

		预测类别	
		是	否
实际类别	是	5	0
	否	4	0

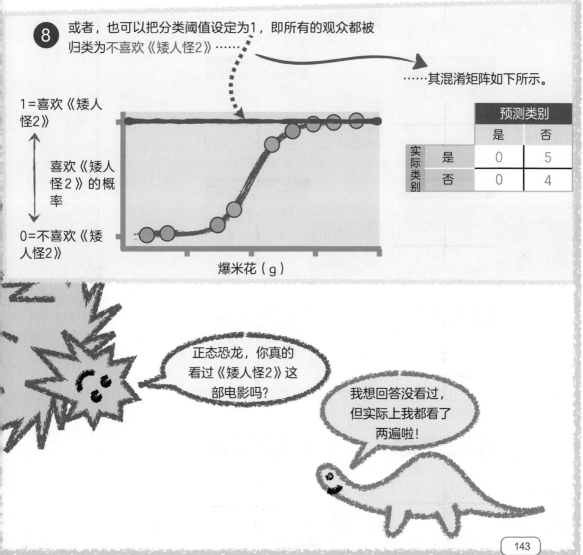

8 或者，也可以把分类阈值设定为1，即所有的观众都被归类为不喜欢《矮人怪2》……

……其混淆矩阵如下所示。

1=喜欢《矮人怪2》

喜欢《矮人怪2》的概率

0=不喜欢《矮人怪2》

爆米花（g）

		预测类别	
		是	否
实际类别	是	0	5
	否	0	4

正态恐龙，你真的看过《矮人怪2》这部电影吗？

我想回答没看过，但实际上我都看了两遍啦！

9 最终，我们可以尝试0到1之间的任何分类阈值……

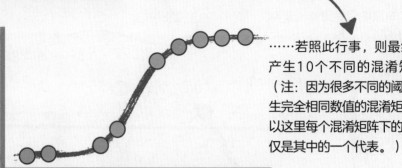

……若照此行事，则最终只会产生10个不同的混淆矩阵。（注：因为很多不同的阈值会产生完全相同数值的混淆矩阵，所以这里每个混淆矩阵下的阈值仅仅是其中的一个代表。）

1=喜欢《矮人怪2》

喜欢《矮人怪2》的概率

0=不喜欢《矮人怪2》

爆米花（g）

		预测类别	
		是	否
实际类别	是	5	0
	否	4	0

阈值 = 0

		预测类别	
		是	否
实际类别	是	5	0
	否	2	2

阈值 = 0.0645

		预测类别	
		是	否
实际类别	是	5	0
	否	3	1

阈值 = 0.007

		预测类别	
		是	否
实际类别	是	5	0
	否	1	3

阈值 = 0.195

		预测类别	
		Yes	No
实际类别	是	4	1
	否	1	3

阈值 = 0.5

		预测类别	
		是	否
实际类别	是	3	2
	否	1	3

阈值 = 0.87

从众多混淆矩阵中找到最理想的分类阈值是很枯燥乏味的。如果可以把这些矩阵合并成一个简洁易懂的图表，岂不是很完美？

对！

非常幸运的是ROC曲线就可以做到！

		预测类别	
		是	否
实际类别	是	3	2
	否	0	4

阈值 = 0.95

		预测类别	
		是	否
实际类别	是	2	3
	否	0	4

阈值 = 0.965

		预测类别	
		是	否
实际类别	是	1	4
	否	0	4

阈值 = 0.975

		预测类别	
		是	否
实际类别	是	0	5
	否	0	4

阈值 = 1

10 ROC曲线因其总结了每个阈值在真阳性率和假阳性率方面的表现，在判断最优分类阈值方面是非常实用的。

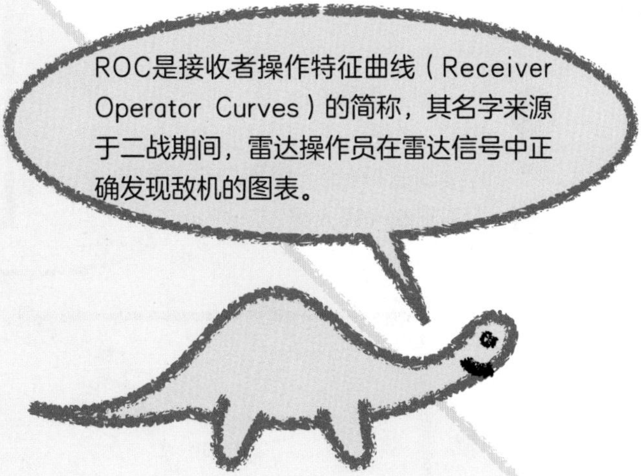

ROC是接收者操作特征曲线（Receiver Operator Curves）的简称，其名字来源于二战期间，雷达操作员在雷达信号中正确发现敌机的图表。

a ROC上的每一个灰点代表了每个特定分类阈值所对应的真阳性率和假阳性率。

b y值越高，说明实际阳性被正确归类的比例越高……

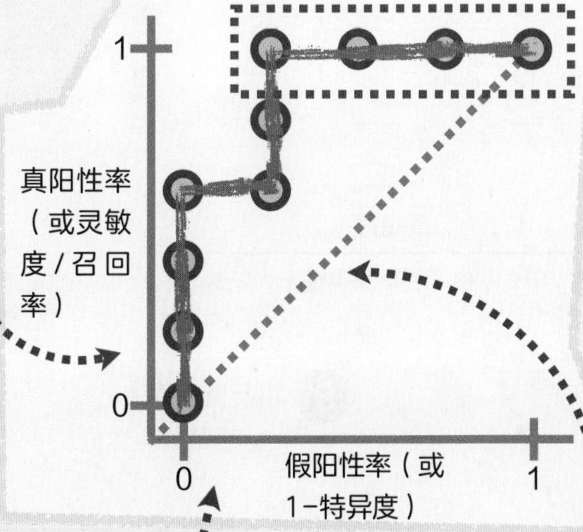

真阳性率（或灵敏度/召回率）

假阳性率（或 1−特异度）

e 举个例子，对于图像顶部的一排数据而言，最左边的数据点所对应的分类阈值的预测表现肯定优于其余的数据点，因为这一排数据具有相同的真阳性率，但最左边数据点的假阳性率最低。

c ……x值越低，说明实际阴性被错误归类的比例越低。

d 对角线代表真阳性率等于假阳性率的位置。

11 理解了ROC曲线背后的主要思想后，让我们深入学习ROC曲线。

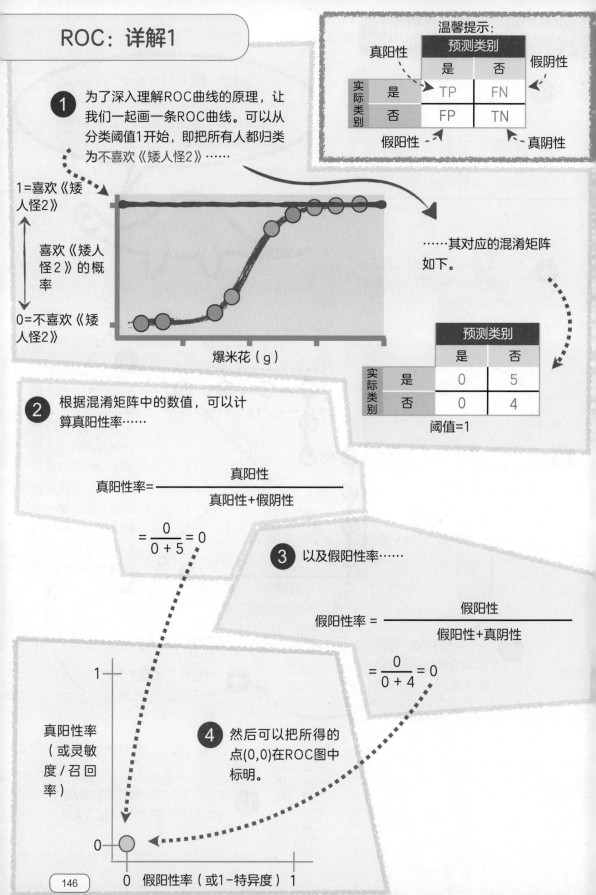

温馨提示：

		预测类别	
		是	否
实际类别	是	TP	FN
	否	FP	TN

真阳性 ↗

假阴性 ↖

假阳性 ↗

真阴性 ↖

1 为了深入理解ROC曲线的原理，让我们一起画一条ROC曲线。可以从分类阈值1开始，即把所有人都归类为不喜欢《矮人怪2》……

1=喜欢《矮人怪2》

喜欢《矮人怪2》的概率

0=不喜欢《矮人怪2》

爆米花（g）

……其对应的混淆矩阵如下。

		预测类别	
		是	否
实际类别	是	0	5
	否	0	4

阈值=1

2 根据混淆矩阵中的数值，可以计算真阳性率……

$$真阳性率 = \frac{真阳性}{真阳性+假阴性}$$

$$= \frac{0}{0+5} = 0$$

3 以及假阳性率……

$$假阳性率 = \frac{假阳性}{假阳性+真阴性}$$

$$= \frac{0}{0+4} = 0$$

真阳性率（或灵敏度/召回率）

4 然后可以把所得的点(0,0)在ROC图中标明。

1

0

0   假阳性率（或1－特异度）   1

		预测类别	
		是	否
实际类别	是	TP	FN
	否	FP	TN

真阳性 → TP 假阴性 → FN
假阳性 → FP 真阴性 → TN

5 现在把分类阈值降低至0.975……

……这正好可以把一个人归类
为喜欢《矮人怪2》……

……而其他所有人还是归类为
不喜欢《矮人怪2》……

……其对应的混淆矩阵如下。

1＝喜欢《矮
人怪2》

喜欢《矮人
怪2》的概
率

0＝不喜欢
《矮人怪2》

爆米花（g）

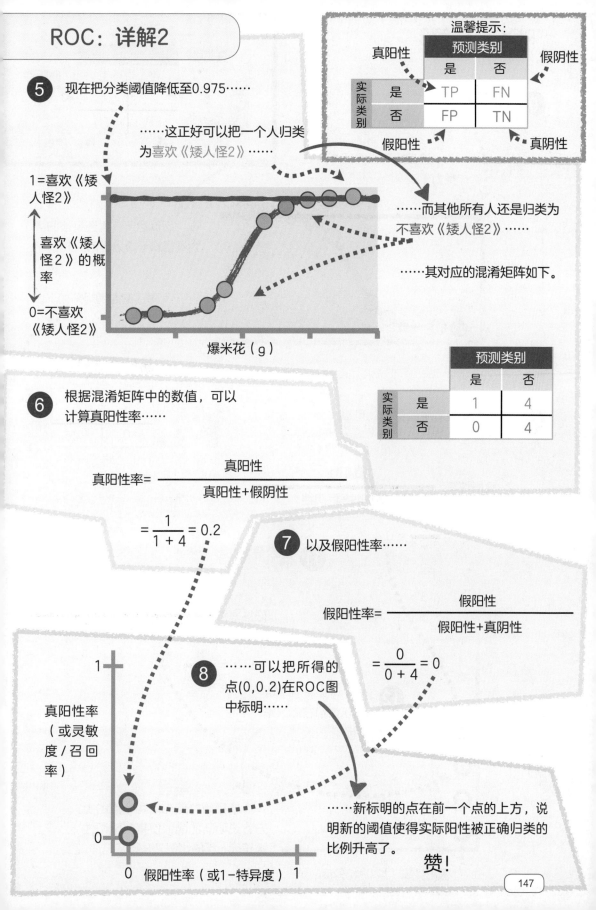

		预测类别	
		是	否
实际类别	是	1	4
	否	0	4

6 根据混淆矩阵中的数值，可以
计算真阳性率……

$$真阳性率 = \frac{真阳性}{真阳性 + 假阴性}$$

$$= \frac{1}{1 + 4} = 0.2$$

7 以及假阳性率……

$$假阳性率 = \frac{假阳性}{假阳性 + 真阴性}$$

$$= \frac{0}{0 + 4} = 0$$

8 ……可以把所得的
点(0,0.2)在ROC图
中标明……

真阳性率
（或灵敏
度／召回
率）

……新标明的点在前一个点的上方，说
明新的阈值使得实际阳性被正确归类的
比例升高了。

假阳性率（或1－特异度）

赞！

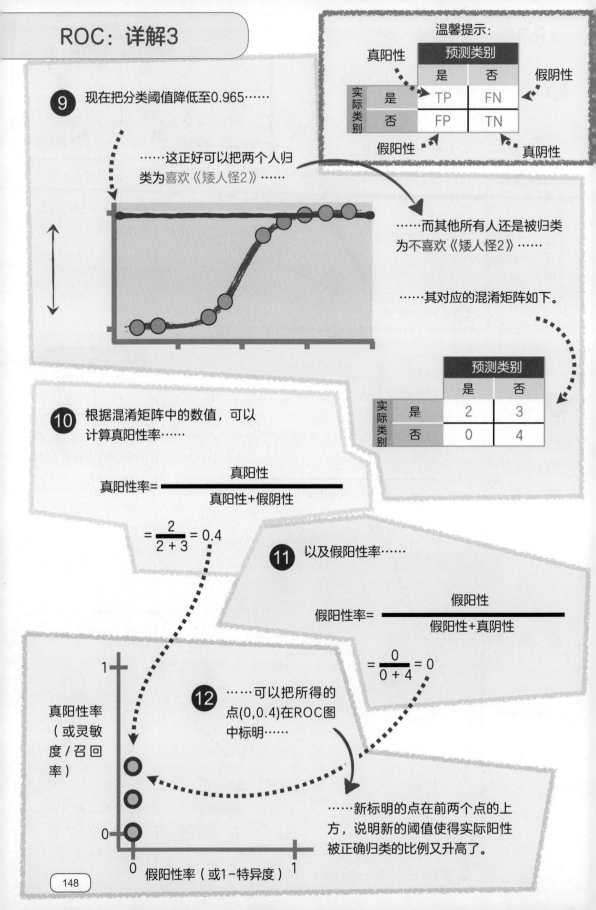

温馨提示：

		预测类别	
		是	否
实际类别	是	TP	FN
	否	FP	TN

真阳性 → TP
假阴性 → FN
假阳性 → FP
真阴性 → TN

9 现在把分类阈值降低至0.965……

……这正好可以把两个人归类为喜欢《矮人怪2》……

……而其他所有人还是被归类为不喜欢《矮人怪2》……

……其对应的混淆矩阵如下。

		预测类别	
		是	否
实际类别	是	2	3
	否	0	4

10 根据混淆矩阵中的数值，可以计算真阳性率……

$$真阳性率 = \frac{真阳性}{真阳性 + 假阴性}$$

$$= \frac{2}{2+3} = 0.4$$

11 以及假阳性率……

$$假阳性率 = \frac{假阳性}{假阳性 + 真阴性}$$

$$= \frac{0}{0+4} = 0$$

12 ……可以把所得的点(0,0.4)在ROC图中标明……

真阳性率（或灵敏度/召回率）

……新标明的点在前两个点的上方，说明新的阈值使得实际阳性被正确归类的比例又升高了。

假阳性率（或1−特异度）

13 类似地，对于每一个可以提升阳性分类个数的阈值（在本例中，即把观众归类为喜欢《矮人怪2》），都需要计算其对应的真阳性率和假阳性率，直到每个人都被归类为阳性为止。

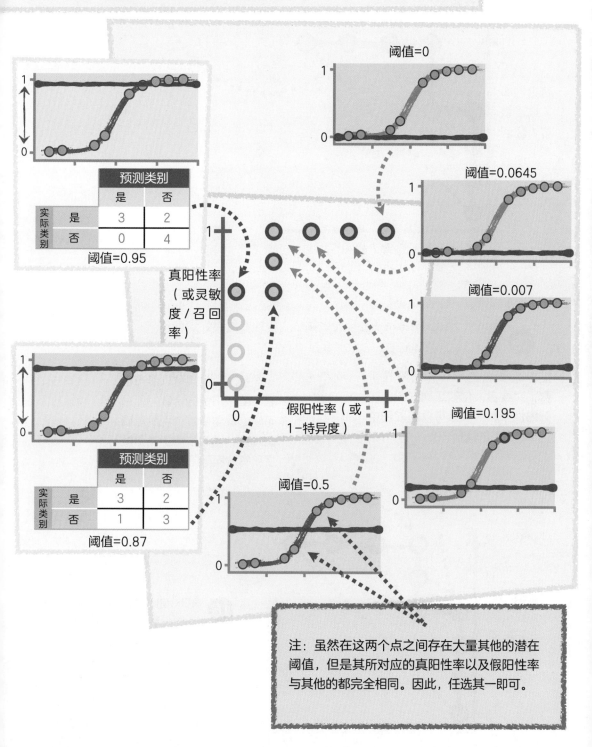

		预测类别	
		是	否
实际类别	是	3	2
	否	0	4

阈值=0.95

		预测类别	
		是	否
实际类别	是	3	2
	否	1	3

阈值=0.87

阈值=0

阈值=0.0645

阈值=0.007

阈值=0.195

阈值=0.5

真阳性率（或灵敏度/召回率）

假阳性率（或1-特异度）

注：虽然在这两个点之间存在大量其他的潜在阈值，但是其所对应的真阳性率以及假阳性率与其他的都完全相同。因此，任选其一即可。

⑭ 通过计算每个可能的混淆矩阵，绘制完图像后，通常会把所有的点连接起来……

……并添加对角线，以便展示真阳性率等于假阳性率的具体位置。

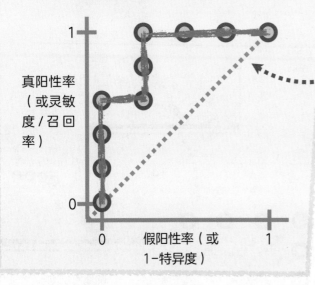

真阳性率（或灵敏度/召回率）

0

0　假阳性率（或
1−特异度）　1

⑮ 现在，不再需要整理大量的混淆矩阵，只需要根据ROC曲线就可以选取分类阈值。

如果既要避免所有的假阳性个数，又要最大化被正确归类的实际阳性个数，那么可以选取图中这个点对应的阈值……

……反之，如果可以适当容忍一些假阳性的个数，那么可以选取图中这个点所对应的阈值，因为该点正确归类了所有的实际阳性个数。

赞！

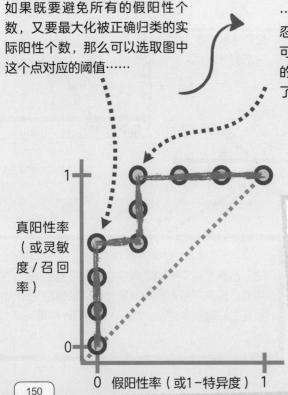

真阳性率（或灵敏度/召回率）

0

0　假阳性率（或1−特异度）　1

⑯ ROC曲线对于选择模型的最佳分类阈值非常有用。但是，如果想要比较两个模型的表现，该如何呢？此时曲线下面积（Area Under the Curve，AUC）就可以派上用场。

1 假设根据相同的数据，构建并测试了两个模型：逻辑回归和朴素贝叶斯，现在想要了解两个模型的性能孰优孰劣。

从理论上讲，可以比较两者的ROC曲线。若仅有两个模型，则是一个不错的选择。

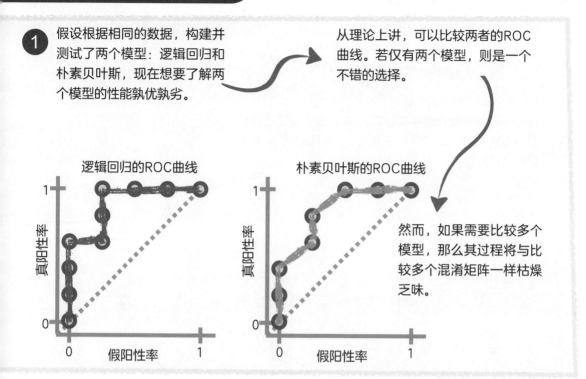

然而，如果需要比较多个模型，那么其过程将与比较多个混淆矩阵一样枯燥乏味。

2 一个简单的方法是计算并比较AUC，即每条曲线下的面积，而不是比较多条ROC曲线。

在本例中，逻辑回归的AUC是0.9……

……朴素贝叶斯的AUC是0.85……

……因为逻辑回归的AUC更大，所以整体而言，在现有数据下，逻辑回归模型的性能优于朴素贝叶斯。

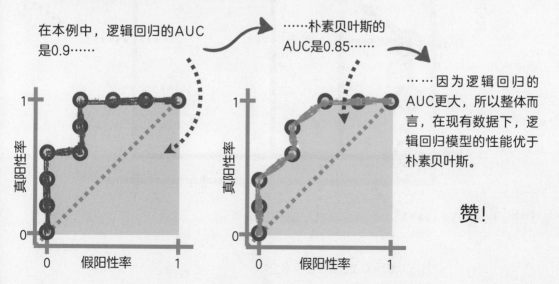

赞！

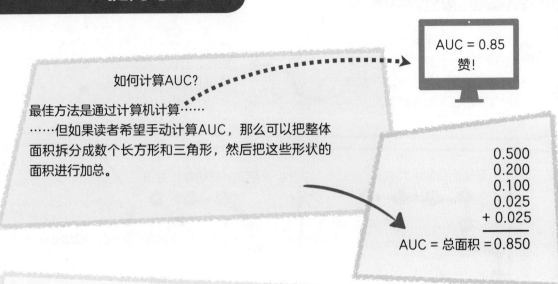

AUC = 0.85
赞！

如何计算AUC？

最佳方法是通过计算机计算……
……但如果读者希望手动计算AUC，那么可以把整体
面积拆分成数个长方形和三角形，然后把这些形状的
面积进行加总。

$$
\begin{array}{r}
0.500 \\
0.200 \\
0.100 \\
0.025 \\
+\ 0.025 \\
\hline
\end{array}
$$

AUC = 总面积 = 0.850

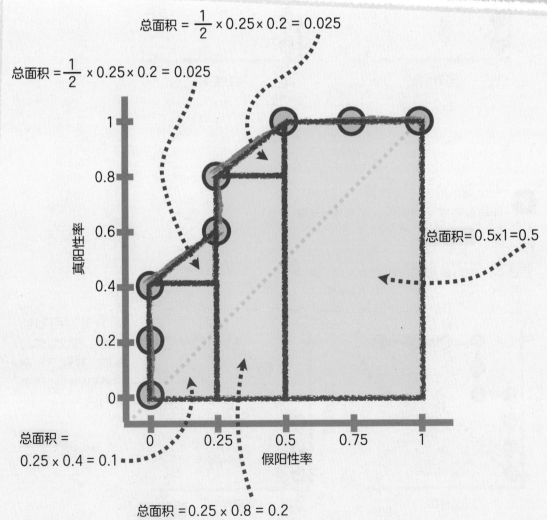

总面积 $= \dfrac{1}{2} \times 0.25 \times 0.2 = 0.025$

总面积 $= \dfrac{1}{2} \times 0.25 \times 0.2 = 0.025$

总面积 = 0.5 × 1 = 0.5

真阳性率

假阳性率

总面积 = 0.25 × 0.4 = 0.1

总面积 = 0.25 × 0.8 = 0.2

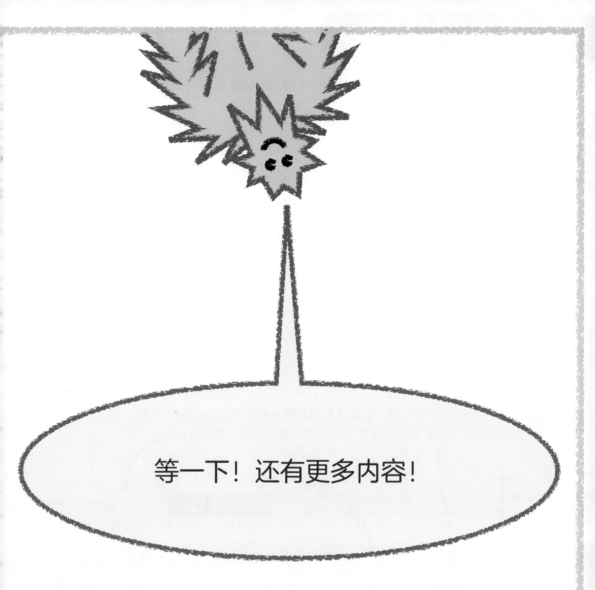

等一下！还有更多内容！

1 在本例中，喜欢或不喜欢《矮人怪2》的人数基本相同，这被称为平衡数据。当数据平衡时，ROC曲线采用假阳性率作为x轴坐标是合理的。

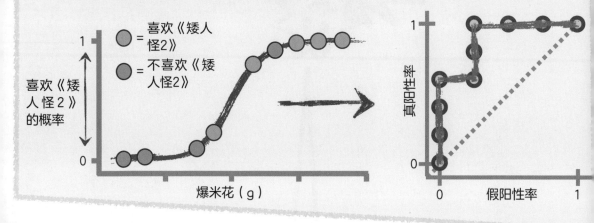

2 然而，如果数据不平衡，比如会有更多的人不喜欢《矮人怪2》（这并不意外，因为该部电影持续多年获得"最烂电影"奖）……

……那么ROC曲线就会难以解读，因为在真阳性率达到100%之前，假阳性率停留在0点几乎保持不动。

换句话说，任何模型只要预测结果100%为阴性，就会被ROC曲线判定为最佳模型。

好消息是PR曲线（Precision Recall Curve）可以解决这个问题，详细内容见下一页。

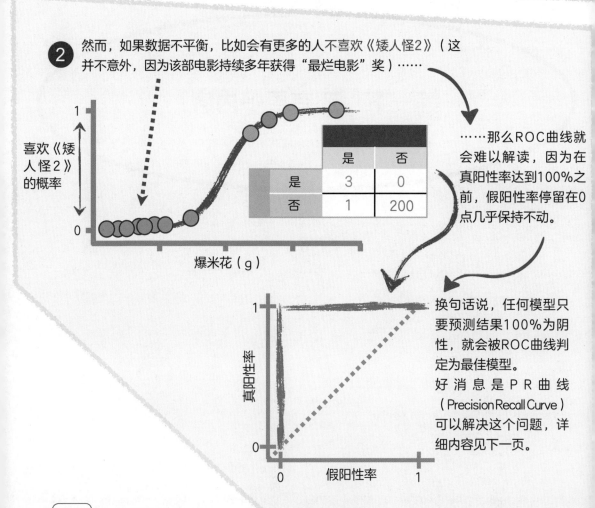

3 PR曲线就是把x轴的假阳性率替换为精确率，把y轴重命名为召回率（召回率等于真阳性率）。

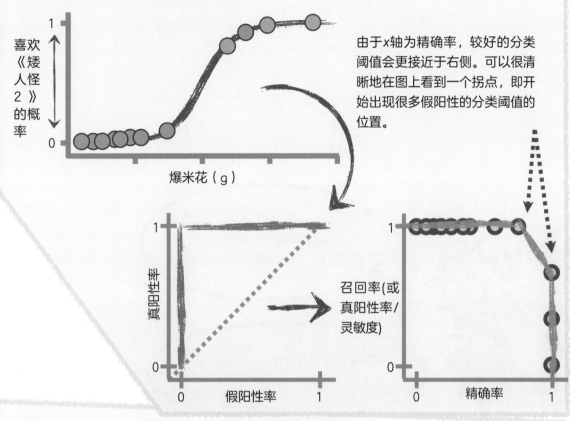

由于x轴为精确率，较好的分类阈值会更接近于右侧。可以很清晰地在图上看到一个拐点，即开始出现很多假阳性的分类阈值的位置。

召回率(或真阳性率/灵敏度)

4 在数据高度不平衡时，精确率优于假阳性率的原因在于前者排除了真阴性的个数。

$$精确率 = \frac{真阳性}{真阳性 + 假阳性}$$

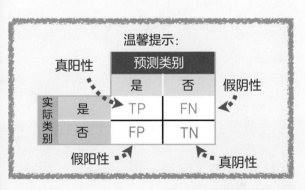

温馨提示：

		预测类别	
		是	否
实际类别	是	TP	FN
	否	FP	TN

真阳性 →
假阴性 ←
假阳性 ↗
真阴性 ↖

		预测类别	
		是	否
实际类别	是	3	0
	否	1	200

阈值=0.5

赞。

嗨，正态恐龙，我们学习了如何通过混淆矩阵和ROC曲线来评价模型的性能，接下来要学习什么呢？

接下来要学习正则化，一种可以提升所有机器学习性能的方法。

第9章

防止过拟合的
正则化方法

1 问题：越灵活的机器学习算法，越容易与训练数据过拟合。

举例来说，这条曲线可以和训练数据精确拟合……

但在新数据的预测方面却一塌糊涂。

从技术角度讲，曲线具有较低的偏差，因为其可与训练数据较精确地拟合；而它又具有较高的方差，因为对新数据的预测较差。

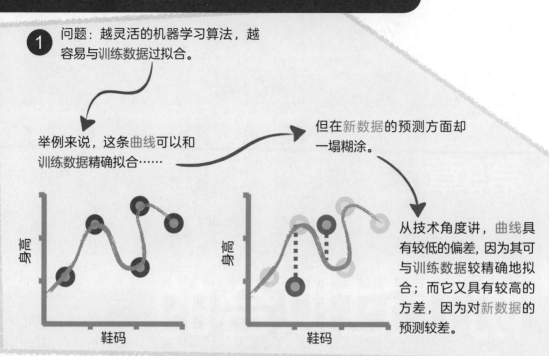

2 一个解决方案：一个处理训练数据过拟合的常用方法是正则化。从本质上来说，正则化方法降低了模型对训练数据的灵敏程度。

在这种情况下，若对曲线正则化，则曲线不会像之前那样精确拟合训练数据……

……而对新数据的预测效果大大提高。

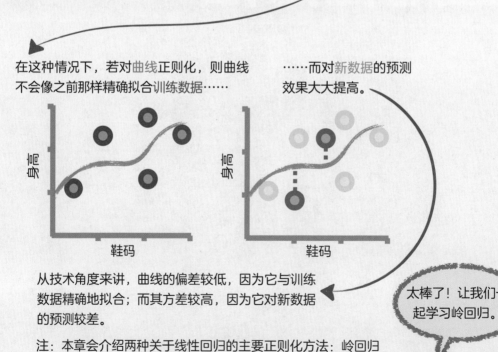

从技术角度来讲，曲线的偏差较低，因为它与训练数据精确地拟合；而其方差较高，因为它对新数据的预测较差。

注：本章会介绍两种关于线性回归的主要正则化方法：岭回归和Lasso回归，它们可以优化线性回归算法的性能。但通常情况下，使用正则化方法可以优化大部分机器学习算法的性能。

太棒了！让我们一起学习岭回归。

1 假设收集测量了5个人的身高和体重……

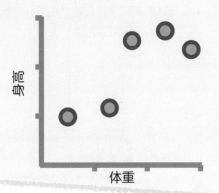

2 ……把这两个点作为训练数据……

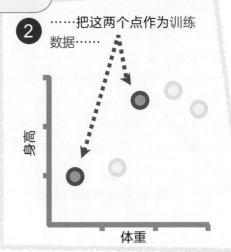

3 ……这3个点作为测试数据……

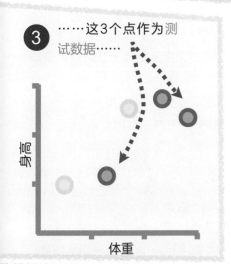

4 接下来，用训练数据构建拟合线，使其残差平方和（SSR）最小。因为训练数据仅有两个点，所以直线可以做到精确拟合，即SSR = 0……

5 ……然而，由于拟合线的斜率太大，对测试数据的预测效果并不好。

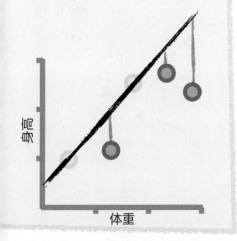

6 作为对比，如果采用岭回归（Ridge Regression），或称为L2正则化（L2 Regularization）的方法，那么会得到图中这条新拟合线……

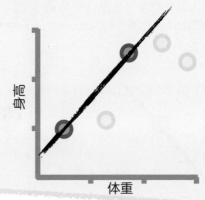

……可以看到，这条新拟合线不能和训练数据做到精确拟合，但是对测试数据的预测能力却提升了。想要知道具体原理的读者，请继续本节的学习。

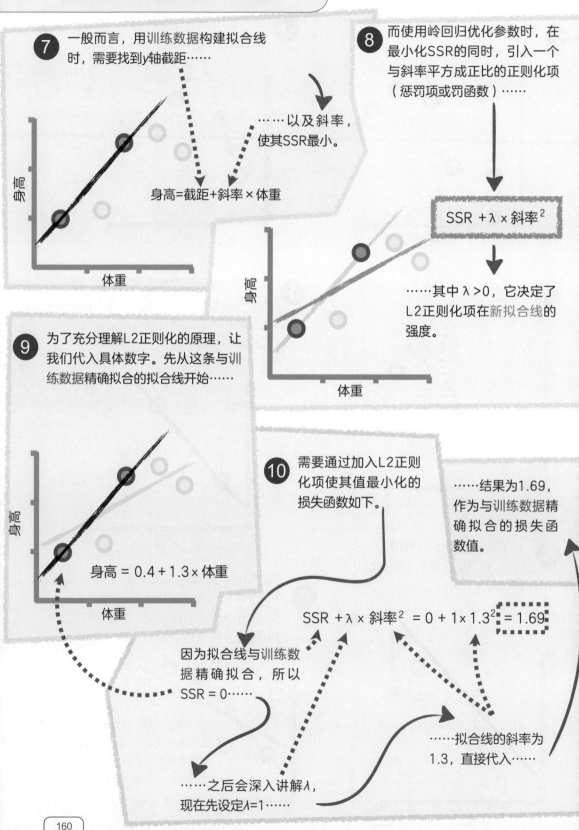

7 一般而言，用训练数据构建拟合线时，需要找到y轴截距……

…… 以及斜率，使其SSR最小。

身高=截距+斜率×体重

8 而使用岭回归优化参数时，在最小化SSR的同时，引入一个与斜率平方成正比的正则化项（惩罚项或罚函数）……

$$SSR + \lambda \times 斜率^2$$

……其中$\lambda > 0$，它决定了L2正则化项在新拟合线的强度。

9 为了充分理解L2正则化的原理，让我们代入具体数字。先从这条与训练数据精确拟合的拟合线开始……

身高 = 0.4 + 1.3 × 体重

10 需要通过加入L2正则化项使其值最小化的损失函数如下。

……结果为1.69，作为与训练数据精确拟合的损失函数值。

$$SSR + \lambda \times 斜率^2 = 0 + 1 \times 1.3^2 = 1.69$$

因为拟合线与训练数据精确拟合，所以SSR = 0……

……拟合线的斜率为1.3，直接代入……

……之后会深入讲解λ，现在先设定$\lambda=1$……

11 现在计算没有和训练数据精确拟合的新拟合线的损失函数值。其中SSR = 0.4……

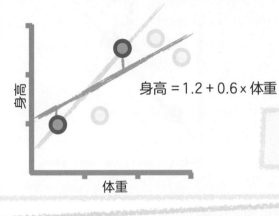

身高 = 1.2 + 0.6 × 体重

12 ……把SSR = 0.4、λ =1，以及斜率为0.6代入。计算可得0.76。

$$SSR + \lambda \times 斜率^2 = 0.4 + 1 \times 0.6^2 = 0.76$$

13 与训练数据精确拟合的拟合线的损失函数值是1.69……

……而新拟合线的损失函数值是0.76。新拟合线具有较小的斜率且没有和训练数据精确拟合……

……目标是选取损失函数值最小的拟合线，因为后者的损失函数值较小，所以我们选择新拟合线。

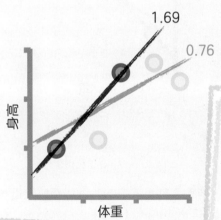

1.69

0.76

14 虽然新拟合线没有和训练数据精确拟合，但它对测试数据具有更佳的预测能力，即增加少许偏差，从而大大降低方差。

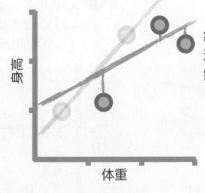

然而，如何才能找到这条新拟合线？那就需要深入理解 λ。

$$SSR + \lambda \times 斜率^2$$

15 当 λ = 0...

SSR + λ × 斜率²

= SSR + 0 × 斜率²

= SSR + 0

= SSR

……L2正则化项为0……

……即仅需要最小化SSR，而没有用到正则化的方法……

……换句话说，来自岭回归的新拟合线和通过最小化SSR得到的拟合线没有任何区别。

λ = 0

身高 / 体重

---

16 当 λ =1，正如前文所述，可得一条斜率更小的新拟合线。

λ= 1

身高 / 体重

17 当 λ =2，斜率会更小……

λ = 2

身高 / 体重

---

18 当 λ =3，斜率会更小……

λ = 3

身高 / 体重

19 ……λ 越大，斜率会越接近于0，y轴截距越接近于训练数据集中的平均身高（1.8）。也就是说，随着 λ 的增加，体重在预测方面不再扮演重要角色，预测时直接采用平均身高即可。

那么，如何选取最佳 λ 呢？

身高 / 体重

20 遗憾的是，并没有一种有效方法可以事先知晓最佳 λ 值。因此，一般会先选取若干个 λ 值（包括 λ =0），然后通过交叉验证法来检验每个值对算法的性能有无提升*。

> * 译者注：这里的方法在机器学习术语中称为调节参数，简称调参。

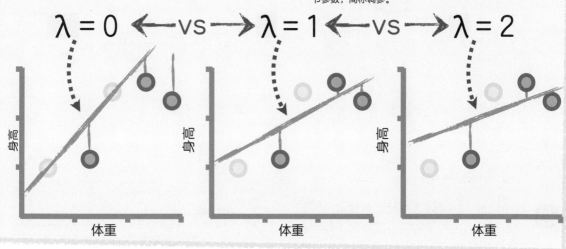

$$\lambda = 0 \longleftarrow vs \longrightarrow \lambda = 1 \longleftarrow vs \longrightarrow \lambda = 2$$

21 本例非常简单，因为仅仅需要通过体重预测身高……

所以正则化项仅包含一个单一参数：斜率。

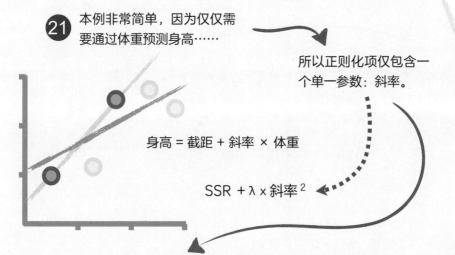

身高 = 截距 + 斜率 × 体重

SSR + λ x 斜率^2

然而，如果模型更加复杂，比如通过体重、鞋码以及年龄来预测身高，那么模型中每个变量都会有一个斜率……

身高=截距+斜率$_w$×体重+斜率$_s$×鞋码+斜率$_a$×年龄

……因此，正则化项包含3个变量对应的斜率平方和。

SSR + λ x (斜率$_w^2$+斜率$_s^2$+斜率$_a^2$)

注：L2正则化项不包含截距项，因为截距并不直接影响变量（如体重、鞋码和年龄）预测身高的效果。

22 如果在一个具有多个参数的模型中添加L2正则化项（比如这个模型）…… 那么参数的系数会缩减（如斜率$_w$、斜率$_s$和斜率$_a$，但缩减的幅度并不相等。

身高=截距+斜率$_w$×体重+斜率$_s$×鞋码+斜率$_a$×燕子的飞行速度

23 打个比方，如果体重和鞋码对预测身高的效果很好，但燕子的飞行速度对于预测身高明显没有效果，那么斜率$_w$和斜率$_s$的系数会缩减一些…… ……但燕子的飞行速度所对应的斜率系数斜率$_a$却会大幅缩减。

造成这种不同的原因是什么？当一个变量（如燕子的飞行速度）对预测效果的作用有限时，对其系数斜率$_a$的大幅缩减会造成L2正则化项的大幅缩减……

$$SSR + \lambda \times (斜率_w^2 + 斜率_s^2 + 斜率_a^2)$$

……但SSR不会升高。

相反，如果将预测效果非常好的变量系数（如体重和鞋码）进行缩减，那么L2正则化项会缩减，但SSR却会大幅上升。

赞！

24 明白了岭回归的原理后，让我们回答两个会被经常问及的问题。接着会继续学习另一种正则化的方法Lasso。加油！

之前所有的例子都展示了提升 λ 会降低斜率，从而提高预测能力，但如果我们需要提高斜率呢？岭回归的预测能力会比线性回归更差吗？

在调参时，只要设定 λ =0，从理论上讲，岭回归的预测能力不会低于普通的线性回归（即仅最小化SSR）。

如何通过岭回归找到最优参数？

当只有一个参数时，可以通过梯度下降法找到最优拟合线，使得"SSR + L2正则化项"的值最小。目标仍是找到最优的斜率和y轴截距，可以对以下关于截距的方程求导……

$$\frac{d}{d\text{截距}} (SSR + \lambda \times \text{斜率}^2)$$

$$= （-2）\times (身高-(截距+斜率\times体重))$$

……以及对以下关于斜率的方程求导……

$$\frac{d}{d\,\text{斜率}} (SSR + \lambda \times \text{斜率}^2)$$

$$= （-2）\times 体重 (身高-(截距+斜率 \times 体重))$$

$$=2\times \lambda \times 斜率$$

根据以上两个导数方程，设定学习率为0.01，便可以通过梯度下降法得到新拟合线。

遗憾的是，上述梯度下降的方法不适用于更为复杂的模型、L1正则化模型或两者的组合。因此，我们不得不通过别的方法寻求最优拟合线，但这超出了本书的范畴。

我最喜欢关于《矮人怪2》的一件事是，一群以为自己在试镜临时演员的人最后都被选为了主角。

同意！不过我对接下来要学习的Lasso回归感到更为兴奋！

Lasso回归/L1正则化：详解1

* 译者注：Lasso为英文Least Absolute Shrinkage and Selection Operator缩写形式，中文为最小绝对值收敛和选择算子。

1 Lasso回归（Lasso Regularization/Regression）*，又称L1正则化（L1 Regularization），把岭回归中的平方项替换为绝对值项。

在岭回归中，我们取参数的平方。

在Lasso回归中，我们取参数的绝对值。

$$SSR + \lambda \times 斜率^2 \quad VS \quad SSR + \lambda \times |斜率|$$

2 该例比较了与训练数据精确拟合的黑线……

身高 = 0.4 + 1.3 × 体重

身高 = 1.2 + 0.6 × 体重

身高

体重

……和与训练数据未能精确拟合的绿线的损失函数值。

3 因为黑线与训练数据精确拟合，所以SSR = 0……

……现在假设 λ =1……

身高 = 0.4 + 1.3 × 体重

……斜率的绝对值则为1.3……

$$SSR + \lambda \times |斜率| = 0 + 1 \times 1.3 = 1.3$$

……即黑线对应的损失函数值为1.3。

4 另一方面，绿线的SSR为0.4……

……把SSR=0.4、λ =1，以及0.6的斜率代入，可得Lasso回归的损失函数值为1.0。由于1.0<1.3，选择绿线为最佳拟合线。

身高=1.2 + 0.6 × 体重

$$SSR + \lambda \times |斜率| = 0.4 + 1 \times 0.6 = 1.0$$

5 岭回归和Lasso回归的最大区别在于前者只能将参数缩小至渐近于0，但无法达到0。相反，后者可以将参数缩小到0为止。

6 举例来说，如果把岭回归和Lasso回归分别应用在以下模型：通过体重、鞋码，以及燕子的飞行速度预测身高……

身高=截距+斜率$_w$×体重+斜率$_s$×鞋码+斜率$_a$×燕子的飞行速度

……那么，对于岭回归而言，无论变量燕子的飞行速度有多无用，该变量永远不可能等于0。

相反，若该变量完全无用，则Lasso回归可以得到斜率$_a$=0。通过完全排除该变量，可以得到一个更为简化的模型。

身高=截距+斜率$_w$×体重+斜率$_s$×鞋码+~~斜率$_a$×燕子的飞行速度~~

身高=截距+斜率$_w$×体重+斜率$_s$×鞋码

7 因此，Lasso回归可以把无用的变量排除在模型之外。通常来说，通过去掉大量无效的变量，模型的表现往往会更好。

作为对比，在大多数变量都很有用的情况下，使用岭回归会让模型性能更佳。

赞！

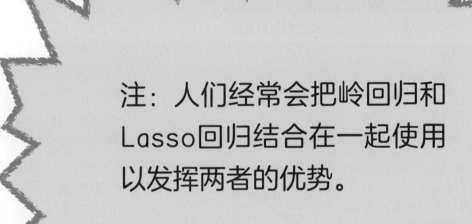

注：人们经常会把岭回归和Lasso回归结合在一起使用以发挥两者的优势。

赞！赞！

1 岭回归和Lasso回归的关键区别在于：在大多数变量对预测都很有用的情况下，前者可以提高预测能力；反之，在大多数变量对预测毫无帮助的情况下，后者的表现性能更胜一筹。此外，把岭回归和Lasso回归结合在一起使用可以发挥两者的优势。人们经常问为什么可以通过Lasso回归判断并设定（斜率的）参数值为0，但岭回归不行。接下来会对该区别进行详细展示和讲解。有兴趣的读者可以继续翻阅接下来的内容。

2 一如既往，从通过体重预测身高的简单数据集开始。

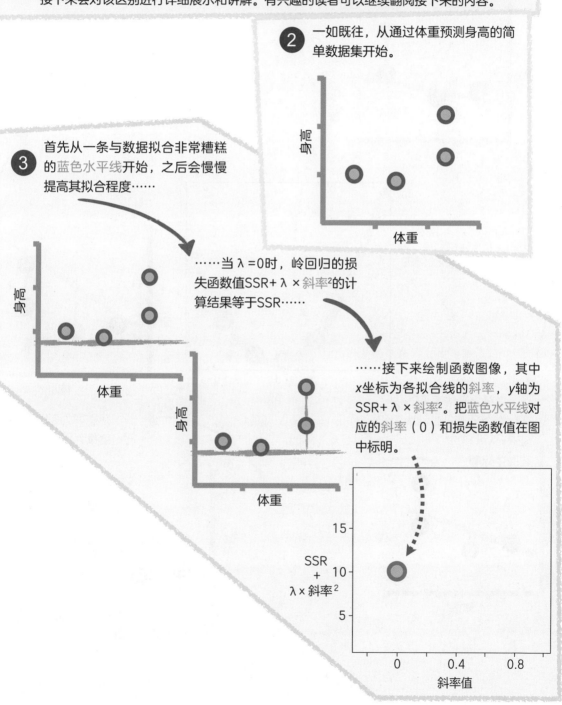

3 首先从一条与数据拟合非常糟糕的蓝色水平线开始，之后会慢慢提高其拟合程度……

……当 λ =0时，岭回归的损失函数值SSR+ λ ×斜率²的计算结果等于SSR……

……接下来绘制函数图像，其中 x 坐标为各拟合线的斜率，y 轴为 SSR+ λ ×斜率²。把蓝色水平线对应的斜率（0）和损失函数值在图中标明。

169

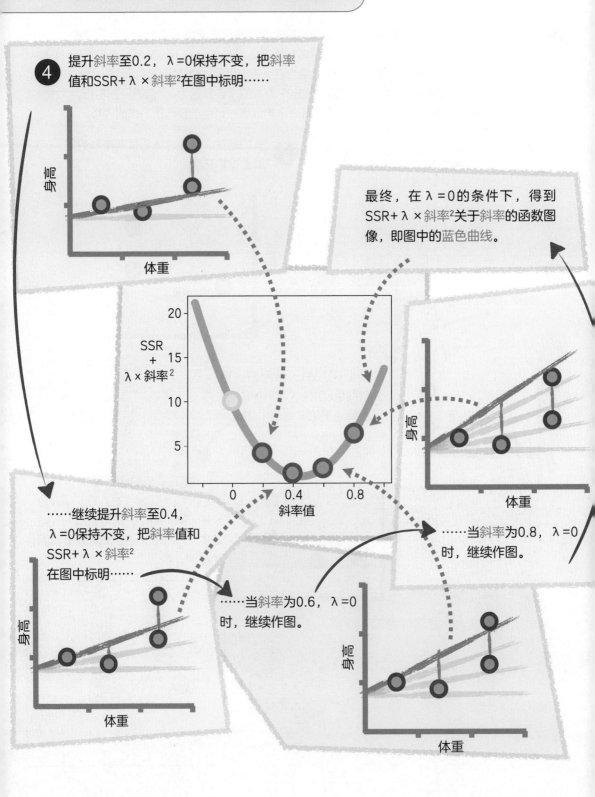

4 提升斜率至0.2，λ=0保持不变，把斜率值和SSR+λ×斜率²在图中标明……

最终，在λ=0的条件下，得到SSR+λ×斜率²关于斜率的函数图像，即图中的蓝色曲线。

……继续提升斜率至0.4，λ=0保持不变，把斜率值和SSR+λ×斜率²在图中标明……

……当斜率为0.6，λ=0时，继续作图。

……当斜率为0.8，λ=0时，继续作图。

5 根据图中的蓝色曲线可以看到，当斜率略高于 0.4时，岭回归的损失函数值处于最小值……

……即对应这条蓝色拟合线。

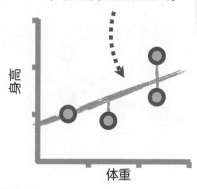

6 和之前一样，当 λ =10时，计算不同斜率 所对应的SSR+(λ × 斜率²)。

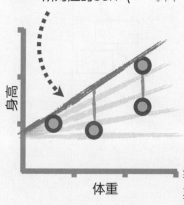

经计算，可得右图这条橙色曲线， 其中使损失函数值最小的斜率比之 前得到的0.4还要小……

其对应的是下图这条橙色拟合线。

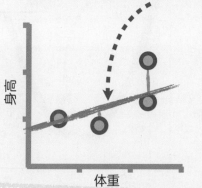

岭回归让我感觉好像在寒冷的山 巅。好冷啊！Lasso回归让我想到 了牛仔*，驾！

* 译者注：Lasso的含义包括捕 马用的套索。

7 通过比较蓝色直线（λ=0时的最优斜率）……

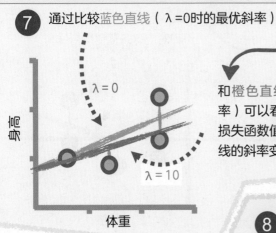

和橙色直线（λ=10时的最优斜率）可以看到，当λ=10时，会使损失函数值增加，导致其对应拟合线的斜率变小。

8 类似地，橙色曲线（λ=10）最低点所对应的斜率比蓝色曲线（λ=0）更接近于0。

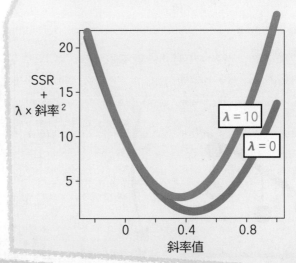

9 当λ=20时，计算不同斜率所对应的SSR+（λ×斜率^2）……

……可得该条绿色曲线。同理，其最低点对应的斜率更接近于0。

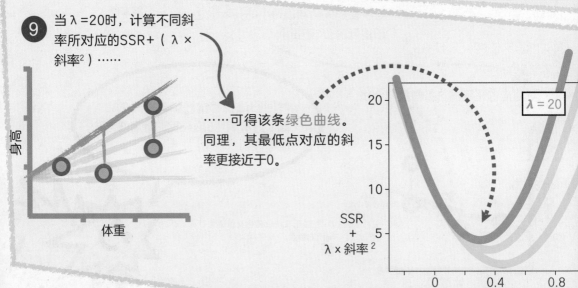

10 最后，当 λ =40时，计算不同斜率所对应的SSR+ λ ×斜率² ……

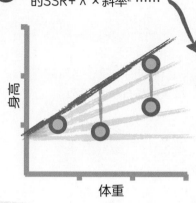

……可得该条紫色曲线。同理，其最低点对应的斜率更接近于0（但不等于0）。

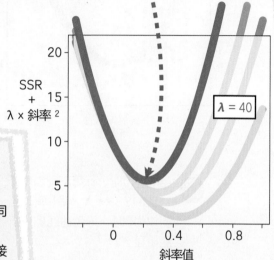

11 小结如下：

1）计算SSR+ λ ×斜率²时，可得一条关于不同斜率值的曲线。

2）若增加 λ 值，则曲线最低点对应的斜率更接近于0（但不等于0）。

现在通过Lasso回归，重复上述分析，并计算SSR+ λ ×|斜率|。

12 当 λ =0时，计算不同斜率下的Lasso回归的损失函数值，可得该条蓝色曲线。同理，因为 λ =0，所以正则化项为0，仅剩SSR项。由图像可见蓝色曲线最低值所对应的斜率值略高于0.4。

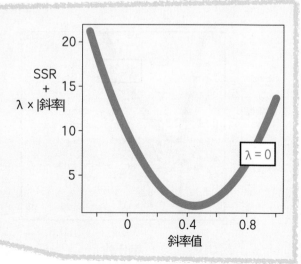

13 当 λ =10时，计算不同斜率所对应的SSR+ λ ×|斜率|，可得该条橙色曲线。由图像可见曲线最低值所对应的斜率值略低于0.4。

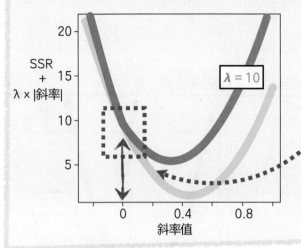

然而，与之前不同的是，当斜率为0时，橙色曲线有一处弯折。

14 当 λ =20时，计算不同斜率所对应的SSR+ λ ×|斜率|，当斜率为0时，绿色曲线的弯折更明显了。

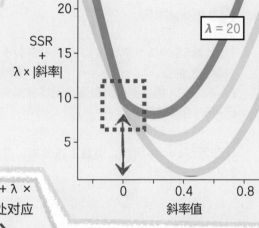

15 当 λ =40时，计算不同斜率所对应的SSR+ λ ×|斜率|。当斜率为0时，紫色曲线的弯折处对应斜率为0，弯折处即为曲线的最低点……

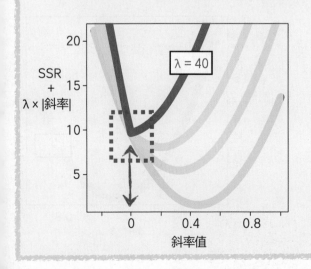

……也就是说，当 λ =40时，最优拟合线的斜率为0。

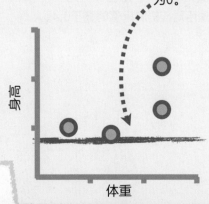

16 总结如下：当增加岭回归/L2正则化的 λ 值时，斜率的最优值向0移动。但仍然可以保留抛物线的形状，并且最优斜率本身永远不会为0。

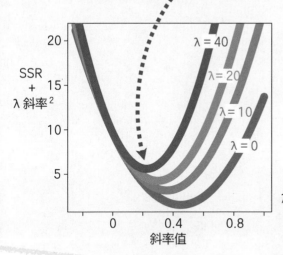

注：即使把 λ 值增至400，岭回归仍然可以给出一个光滑的红色曲线，其最低点对应的斜率仍然略高于0。

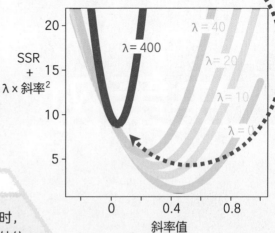

17 当增加Lasso回归/L1正则化的 λ 值时，斜率的最优值向0移动。但由于弯折处位于0的位置，0便是最优斜率。

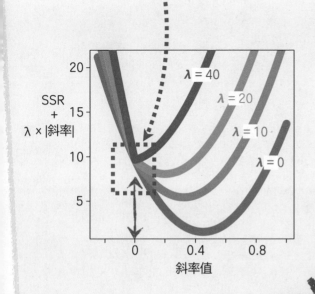

赞！赞！赞！

接下来让我们学习决策树！

第10章

决策树

分类树与回归树：主要思想

1 机器学习中的决策树（Decision Tree）有两种类型：分类树（Classification Tree）和回归树（Regression Tree）。

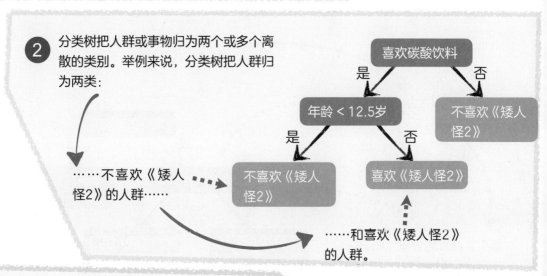

2 分类树把人群或事物归为两个或多个离散的类别。举例来说，分类树把人群归为两类：

……不喜欢《矮人怪2》的人群……

……和喜欢《矮人怪2》的人群。

喜欢碳酸饮料
是 / 否
年龄 < 12.5岁
不喜欢《矮人怪2》
是 / 否
不喜欢《矮人怪2》
喜欢《矮人怪2》

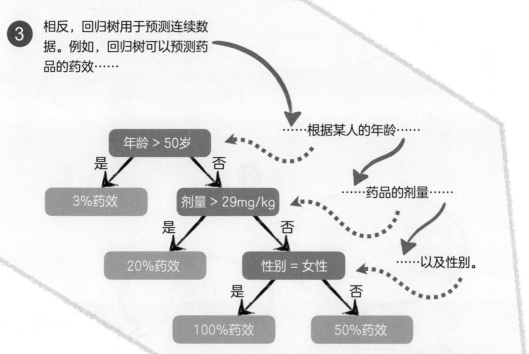

3 相反，回归树用于预测连续数据。例如，回归树可以预测药品的药效……

……根据某人的年龄……

……药品的剂量……

……以及性别。

年龄 > 50岁
是 / 否
3%药效
剂量 > 29mg/kg
是 / 否
20%药效
性别 = 女性
是 / 否
100%药效
50%药效

4 本章会涵盖分类树和回归树的主要思想以及构建决策树的常用方法。在此之前，首先需要学习关键的……

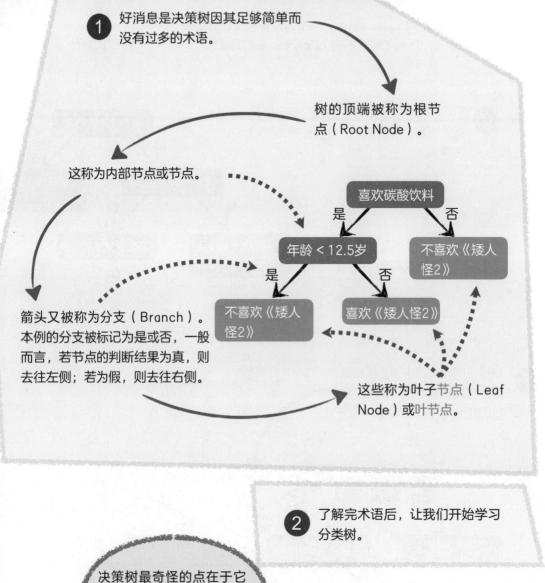

1 好消息是决策树因其足够简单而没有过多的术语。

树的顶端被称为根节点（Root Node）。

这称为内部节点或节点。

喜欢碳酸饮料

是　　否

年龄＜12.5岁

不喜欢《矮人怪2》

是　　否

箭头又被称为分支（Branch）。本例的分支被标记为是或否，一般而言，若节点的判断结果为真，则去往左侧；若为假，则去往右侧。

不喜欢《矮人怪2》

喜欢《矮人怪2》

这些称为叶子节点（Leaf Node）或叶节点。

2 了解完术语后，让我们开始学习分类树。

决策树最奇怪的点在于它是上下颠倒的。根节点在顶部，而叶节点在底部！

也许这些树生长在另一个世界吧。

决策树: 第一部分

分类树

1 问题：假设一个数据集既有离散数据，又有连续数据……

喜欢爆米花	喜欢碳酸饮料	年龄（岁）	喜欢《矮人怪2》
是	是	7	否
是	否	12	否
否	是	18	是
否	是	35	是
是	是	38	是
是	否	50	否
否	否	83	否

……需要通过该数据集来预测人群是否喜欢《矮人怪2》。

从对该部电影的偏好和观众年龄的图中可以发现，使用S形曲线来拟合数据是一个很糟糕的想法：低龄和高龄的观众都不喜欢这部电影，只有年龄居中的观众喜欢。S形曲线会错误地把所有的高龄人群归类为喜欢《矮人怪2》。因此，不能通过逻辑回归来拟合该数据。

2 一个解决方案：分类树可以处理所有类型的数据：所有类型的自变量（用于进行预测的数据，如年龄和是否喜欢碳酸饮料），以及所有类型的因变量（需要被预测的数据，如是否喜欢《矮人怪2》）。

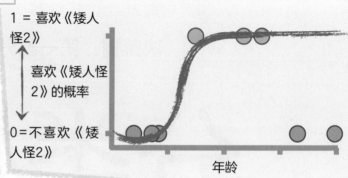

1 = 喜欢《矮人怪2》

喜欢《矮人怪2》的概率

0 = 不喜欢《矮人怪2》

年龄

此外，解读和使用分类树都相对容易。如果你遇到一些新朋友，想要判断他们是否喜欢《矮人怪2》，那么只需从分类树的顶端开始询问他们是否喜欢碳酸饮料……

赞！

……若回答是，则继续问他们是否已满12.5岁……

喜欢碳酸饮料

是　　否

年龄＜12.5岁

不喜欢《矮人怪2》

……若他们一开始就回答不喜欢碳酸饮料，则他们大概率不喜欢《矮人怪2》……

是　　否

……若回答是，则他们大概率不喜欢《矮人怪2》……

不喜欢《矮人怪2》

喜欢《矮人怪2》

……若回答否，则他们大概率喜欢《矮人怪2》……

构建分类树：详解1

1 给定以下训练数据集，构建分类树。通过这些特征：是否喜欢爆米花、是否喜欢碳酸饮料、年龄，来预测人群是否喜欢《矮人怪2》。

喜欢爆米花	喜欢碳酸饮料	年龄（岁）	喜欢《矮人怪2》
是	是	7	否
是	否	12	否
否	是	18	是
否	是	35	是
是	是	38	是
是	否	50	否
否	否	83	否

2 我们首先需要确定在分类树顶部的根节点应当询问哪一个问题：是否喜欢爆米花，是否喜欢碳酸饮料，还是年龄。

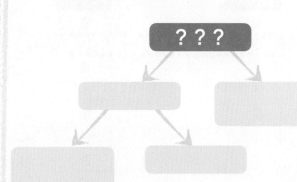

3 可以从检验是否喜欢爆米花的预测能力开始……

……通过构建以是否喜欢爆米花为根节点的简单树来实现。

4 举例，由于训练数据中的第一个人喜欢爆米花，他会被划分到左侧的叶节点……

喜欢爆米花	喜欢碳酸饮料	年龄（岁）	喜欢《矮人怪2》
是	是	7	否

……又因为他不喜欢《矮人怪2》，所以在"否"类别下增加1个样本。

5 因为第二个人也喜欢爆米花，所以他也被划分至左侧的叶节点。由于他也不喜欢《矮人怪2》，在"否"类别下样本增至2个。

喜欢爆米花	喜欢碳酸饮料	年龄（岁）	喜欢《矮人怪2》
是	是	7	否
是	否	12	否
否	是	18	是
否	否	35	是
是	是	38	是
是	否	50	否
否	否	83	否

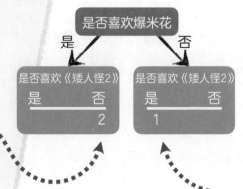

6 因为第三个人不喜欢爆米花，所以他被划分至右侧的叶节点。由于他喜欢《矮人怪2》，在"是"类别下增加1个样本。

7 依次类推，把剩下的数据代入简单树中，并记录每个人是否喜欢《矮人怪2》。

8 类似地，可以构建以是否喜欢碳酸饮料为根节点的简单树。

喜欢爆米花	喜欢碳酸饮料	年龄（岁）	喜欢《矮人怪2》
是	是	7	否
是	否	12	否
否	是	18	是
……	……	……	……

9 通过对比以两个不同特征为根节点的简单树……

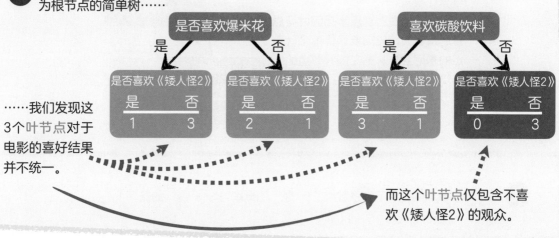

……我们发现这3个叶节点对于电影的喜好结果并不统一。

而这个叶节点仅包含不喜欢《矮人怪2》的观众。

术语解释！
含有混合结果的叶节点称为不纯（Impure）。

10 因为所有喜欢爆米花的叶节点都不纯，而喜欢碳酸饮料的叶节点中只有一个不纯……

……所以看上去以对碳酸饮料的偏好为根节点的分类预测会更好。但是，我们需要量化两个特征之间的预测差异。

11 好消息是有好几种方法可以用于量化树和叶节点的纯度（Purity）。

其中最流行的方法是基尼不纯系数（Gini·Lmpurity）（或称为基尼系数/指数，Gini·Index），其他方法有：熵（Entropy）和信息增益（Information·Gain）。

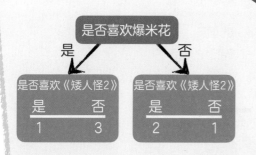

从理论上讲，上述所有的方法都能得出类似的结论。因为基尼系数非常流行且通俗易懂，所以本章将重点关注基尼系数。接下来，我们要通过计算基尼系数来量化是否喜欢爆米花的叶节点的纯度。

12 为了计算是否喜欢爆米花的叶节点基尼系数，首先需要计算单个叶节点的基尼系数。把左侧叶节点的结果代入基尼系数的等式。

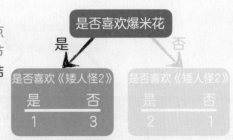

13 单个叶子节点的基尼不纯系数=1−（"是"的概率"）^{2}−（"否"的概率)^2

14 对于左侧的叶节点，是=1，否=3，总数 = 1+3=4，代入基尼系数的公式，可得0.375。

$$=1-\left(\frac{\text{"是"的计数}}{\text{总计数}}\right)^2 \quad \left(\frac{\text{"否"的计数}}{\text{总计数}}\right)^2$$

$$= 1 - \left(\frac{1}{1+3}\right)^2 - \left(\frac{3}{1+3}\right)^2 \quad = 0.375$$

15 对于右侧的叶节点，可得0.444。

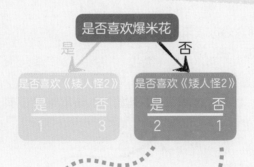

单个叶子节点的基尼系数=1−（"是"的概率)^2−（"否"的概率)^2

$$= 1 - \left(\frac{2}{2+1}\right)^2 - \left(\frac{1}{2+1}\right)^2 \quad = 0.444$$

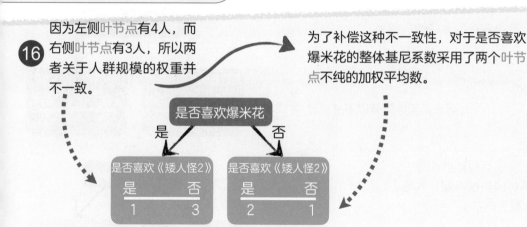

16 因为左侧叶节点有4人，而右侧叶节点有3人，所以两者关于人群规模的权重并不一致。

为了补偿这种不一致性，对于是否喜欢爆米花的整体基尼系数采用了两个叶节点不纯的加权平均数。

是否喜欢爆米花

是　　　　否

是否喜欢《矮人怪2》
是　　否
1　　3

是否喜欢《矮人怪2》
是　　否
2　　1

基尼不纯系数=0.375　　基尼不纯系数=0.444

17 整体基尼不纯系数=叶节点基尼不纯系数的加权平均数

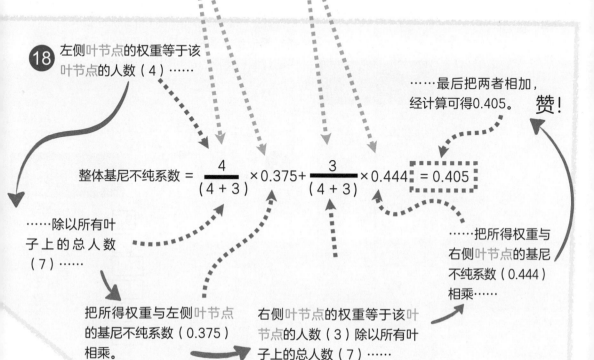

18 左侧叶节点的权重等于该叶节点的人数（4）……

……最后把两者相加，经计算可得0.405。　赞！

$$\text{整体基尼不纯系数} = \frac{4}{(4+3)} \times 0.375 + \frac{3}{(4+3)} \times 0.444 = 0.405$$

……除以所有叶子上的总人数（7）……

……把所得权重与右侧叶节点的基尼不纯系数（0.444）相乘……

把所得权重与左侧叶节点的基尼不纯系数（0.375）相乘。

右侧叶节点的权重等于该叶节点的人数（3）除以所有叶子上的总人数（7）……

19 是否喜欢爆米花的基尼系数为0.405······

对爆米花偏好的基尼不纯系数 = 0.405

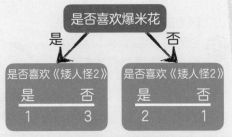

······依照类似计算逻辑，可得对碳酸饮料偏好的基尼系数为0.214。

对碳酸饮料偏好的基尼不纯系数 = 0.214

20 是否喜欢碳酸饮料具有较低的基尼不纯系数（0.214）。这说明之前判断根据碳酸饮料能够做出更好分类的假设是正确的。通过基尼不纯系数可以量化特征之间的差异，而不再是依赖于直觉做出判断。

21 现在需要计算关于年龄的基尼系数。

然而，年龄不是包含是或否的离散数据，而是连续数据。对其基尼系数的计算会稍许复杂。

通常第一步需要按年龄从小到大进行排序。本例中的数据已排序，故可以省略该步骤。

喜欢爆米花	喜欢碳酸饮料	年龄（岁）	喜欢《矮人怪2》
是	是	7	否
是	否	12	否
否	是	18	是
否	是	35	是
是	是	38	是
是	否	50	否
否	否	83	否

22 接下来，需要计算相邻行的平均年龄。

年龄（岁）	喜欢《矮人怪2》
7	否
9.5	
12	否
15	
18	是
26.5	
35	是
36.5	
38	是
44	
50	否
66.5	
83	否

23 现在对每个平均年龄计算基尼不纯系数。

举例来说，第一个平均年龄是9.5岁。我们视9.5为阈值，把数据分为两个叶节点……

年龄（岁）	喜欢《矮人怪2》
7	否
12	否
18	是
35	是
38	是
50	否
83	否

（阈值标注：9.5、15、26.5、36.5、44、66.5）

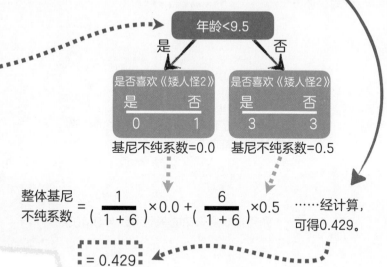

年龄<9.5
是 / 否

是否喜欢《矮人怪2》
是 0 否 1
基尼不纯系数=0.0

是否喜欢《矮人怪2》
是 3 否 3
基尼不纯系数=0.5

$$整体基尼不纯系数 = \left(\frac{1}{1+6}\right) \times 0.0 + \left(\frac{6}{1+6}\right) \times 0.5$$

……经计算，可得0.429。

$$= 0.429$$

24 最后，对于每个潜在的年龄阈值，都有一个对应的基尼不纯系数……

年龄（岁）	喜欢《矮人怪2》
7	否
12	否
18	是
35	是
38	是
50	否
83	否

（阈值标注：9.5、15、26.5、36.5、44、66.5）

基尼不纯系数 = 0.429
基尼不纯系数 = 0.343
基尼不纯系数 = 0.476
基尼不纯系数 = 0.476
基尼不纯系数 = 0.343
基尼不纯系数 = 0.429

……最优的阈值具有最低的不纯度。由于阈值15和44都具有最低的不纯度（0.343），任选其一作为根节点。这里选择15作为最终年龄的阈值。

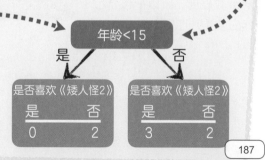

年龄<15
是 / 否

是否喜欢《矮人怪2》
是 0 否 2

是否喜欢《矮人怪2》
是 3 否 2

25 小结一下：第一个目标是需要确定在分类树的根节点应当询问哪一个问题：是否喜欢爆米花，是否喜欢碳酸饮料，还是年龄……

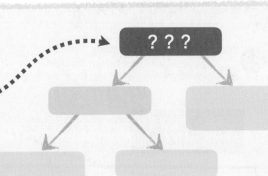

26 ……为了回答该问题，对每个特征都计算其基尼不纯系数……

是否喜欢爆米花的基尼系数 = 0.405

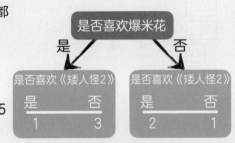

是否喜欢碳酸饮料的基尼系数 = 0.214

年龄＜15岁的基尼系数 = 0.343

27 因为是否喜欢碳酸饮料的基尼系数最低，所以把该特征作为分类树的根节点。

赞！

28 现在把是否喜欢碳酸饮料作为分类树的根节点，4个喜欢碳酸饮料的人中，有3人喜欢《矮人怪2》，1人不喜欢。这4个人都被划分至左侧的节点……

喜欢爆米花	喜欢碳酸饮料	年龄（岁）	喜欢《矮人怪2》
是	是	7	否
是	否	12	否
否	是	18	是
否	是	35	是
是	是	38	是
是	否	50	否
否	否	83	否

29 ……3个不喜欢碳酸饮料的人被划分至右侧的节点，并且他们都不喜欢《矮人怪2》。

喜欢爆米花	喜欢碳酸饮料	年龄（岁）	喜欢《矮人怪2》
是	是	7	否
是	否	12	否
否	是	18	是
否	是	35	是
是	是	38	是
是	否	50	否
否	否	83	否

30 因为左侧的节点不纯，所以可以计算另外两个特征的基尼不纯系数：对爆米花偏好和年龄，用于继续划分左侧节点中的4个人。

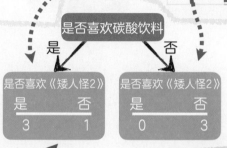

31 对于这4个喜欢碳酸饮料的观众，若通过对爆米花的偏好做进一步划分，则其基尼不纯系数为0.25。

而若通过阈值为12.5的年龄（年龄<12.5）做进一步划分，则其基尼不纯系数为0。

基尼不纯系数=0.25

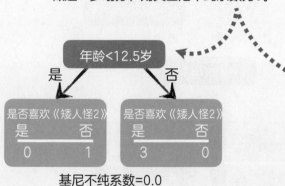

基尼不纯系数=0.0

喜欢爆米花	喜欢碳酸饮料	年龄（岁）	喜欢《矮人怪2》
是	是	7	否
		12.5	
是	否	12	否
否	是	18	是
		26.5	
否	是	35	是
		36.5	
是	是	38	是
是	否	50	否
否	否	83	否

32 小结一下，我们一开始把是否喜欢碳酸饮料作为根节点的原因是通过该特征划分训练数据时，可以给予最小的基尼系数。因此，4个喜欢碳酸饮料的人被划分至左侧节点……

33 ……另外3个不喜欢碳酸饮料的人被划分至右侧节点。

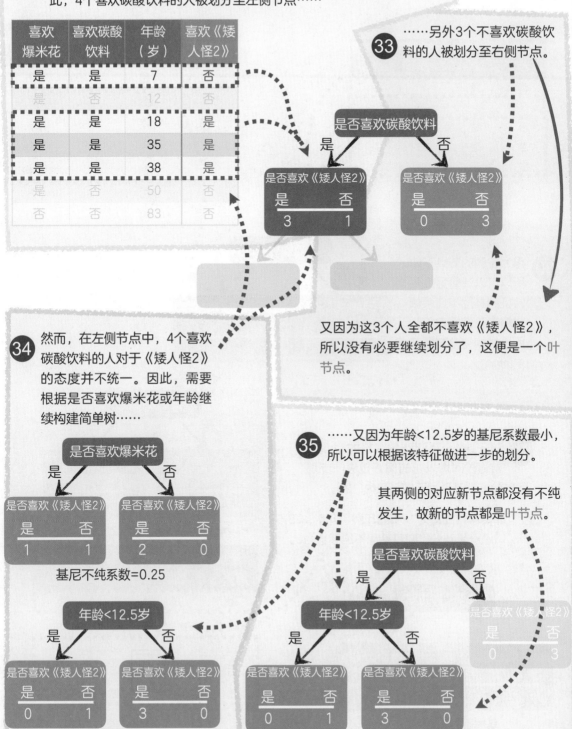

喜欢爆米花	喜欢碳酸饮料	年龄（岁）	喜欢《矮人怪2》
是	是	7	否
是	否	12	否
是	是	18	是
是	是	35	是
是	是	38	是
是	否	50	否
否	否	83	否

又因为这3个人全都不喜欢《矮人怪2》，所以没有必要继续划分了，这便是一个叶节点。

34 然而，在左侧节点中，4个喜欢碳酸饮料的人对于《矮人怪2》的态度并不统一。因此，需要根据是否喜欢爆米花或年龄继续构建简单树……

基尼不纯系数=0.25

基尼不纯系数=0.0

35 ……又因为年龄<12.5岁的基尼系数最小，所以可以根据该特征做进一步的划分。

其两侧的对应新节点都没有不纯发生，故新的节点都是叶节点。

190

36 此时，已经基本构建好了训练数据的分类树。

喜欢爆米花	喜欢碳酸饮料	年龄（岁）	喜欢《矮人怪2》
是	是	7	否
是	否	12	否
否	是	18	是
否	是	35	是
是	是	38	是
是	否	50	否
否	否	83	否

唯一剩下的问题便是如何判断叶节点的输出类别。

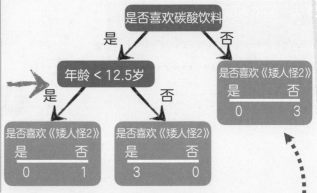

37 通常来说，叶节点中所含样本最多的类别会被设定为该叶节点的输出类别。

比方说，这个叶节点中大多数人都不喜欢《矮人怪2》。因此，输出类别是不喜欢《矮人怪2》。

38 太棒了！设定完所有叶节点的输出类别后，分类树就构建成功了。

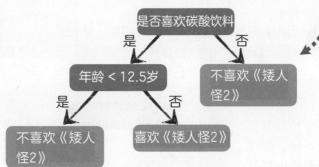

赞?

还未结束，还有一些需要讨论的问题。

39 在本例构建的分类树中，训练数据中仅有一个人在这个叶节点上……

喜欢爆米花	喜欢碳酸饮料	年龄（岁）	喜欢《矮人怪2》
是	是	7	否
是	否	12	否
否	是	18	是
否	是	35	是
是	是	38	是
是	否	50	否
否	否	83	否

……又因为训练数据中的人数太少，所以对该分类树在新数据集上的预测能力，我们持观望态度。

在实践中，有两种主要的方法用于解决这类问题。

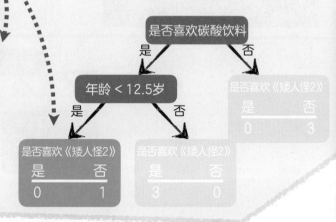

40 一种方法被称为剪枝，但这里不展开讨论。

41 另一种方法是限制树上分支的发展。打个比方，可以要求每个叶节点必须最少包含3人。若把上述规则应用在训练数据中，则最后会构建出这棵拥有不纯叶节点的分类树……

……虽然叶节点不纯，但对于准确率是可以把控的：叶节点上75%的人喜欢《矮人怪2》。

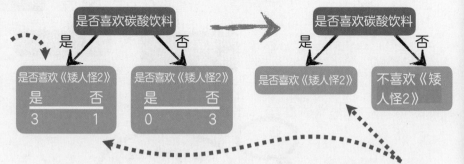

注1：在构建决策树时，我们事先并不知晓叶节点必须包括最少3人。因此，可以通过交叉验证法对训练数据进行调参，以得到叶节点包含人数的最佳数值。

注2：即使该叶节点不纯，但仍需一个输出类别。由于该叶节点中大多数人都不喜欢《矮人怪2》，因此可以以此为输出类别。

接下来将要总结一下构建的分类树。

构建分类树：总结

1 给定完整的训练数据，通过计算基尼不纯系数，选择"是否喜欢碳酸饮料"作为分类树的根节点。

喜欢爆米花	喜欢碳酸饮料	年龄（岁）	喜欢《矮人怪2》
是	是	7	否
是	否	12	否
否	是	18	是
否	是	35	是
是	是	38	是
是	否	50	否
否	否	83	否

4个喜欢碳酸饮料的观众被划分至根节点的左侧，而3个不喜欢碳酸饮料的观众被划分至根节点的右侧。

赞！

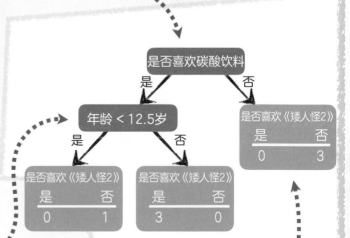

2 在左侧节点中，4个喜欢碳酸饮料的观众对于《矮人怪2》的态度并不统一。因此，通过继续计算基尼不纯系数，可得下一个节点的特征是年龄＜12.5。

喜欢爆米花	喜欢碳酸饮料	年龄（岁）	喜欢《矮人怪2》
是	是	7	否
是	否	12	否
否	是	18	是
否	是	35	是
是	是	38	是
是	否	50	否
否	否	83	否

3 叶节点中所含样本最多的类别会被设定为该叶节点的输出类别。

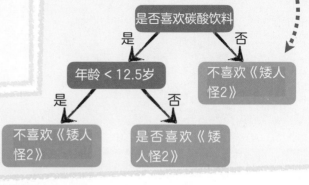

赞！赞！赞！

接下来需要学习第二部分：回归树！

决策树：第二部分

回归树

① 问题：假设有一个训练数据集包含同一药品的不同给药剂量及其对应的药效……

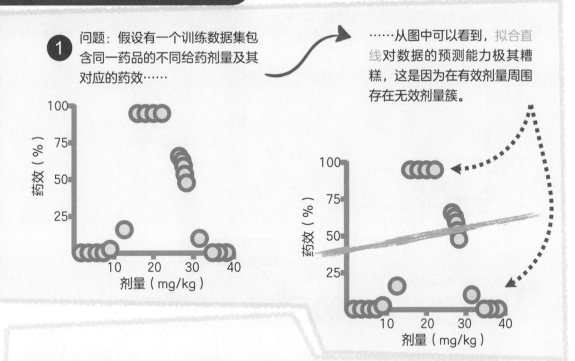

……从图中可以看到，拟合直线对数据的预测能力极其糟糕，这是因为在有效剂量周围存在无效剂量簇。

② 一个解决方案：可以构建回归树。和分类树一样，回归树可以处理所有类型的数据以及数据之间所有的关联类型，并由此做出判断。与分类树不同的是，回归树的输出值是连续变量，如药效。

与分类树相同的另外一点是：回归树的解读和使用也都相对容易。在本例中，假如给定一个新的药品剂量，并想了解其药效如何，则可以从回归树的顶端开始询问药品剂量是否 <14.5mg/kg……

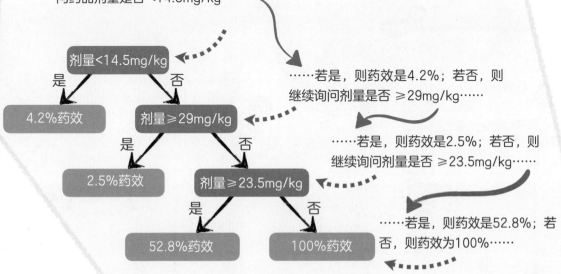

……若是，则药效是4.2%；若否，则继续询问剂量是否 ≥29mg/kg……

……若是，则药效是2.5%；若否，则继续询问剂量是否 ≥23.5mg/kg……

……若是，则药效是52.8%；若否，则药效为100%……

赞！

回归树：主要思想2

3 回归树在本例中具有极佳预测能力的原因是每个叶节点都对应图中一簇不同的点。

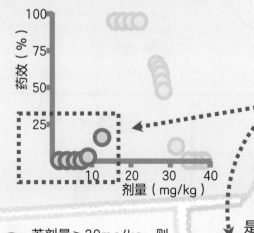

若剂量<14.5mg/kg，则回归树的输出值是这6个点的平均药效，即4.2%。

4 若剂量≥29mg/kg，则输出值是这4个点的平均药效，即2.5%。

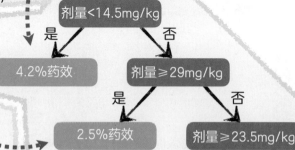

剂量<14.5mg/kg

是 → 4.2%药效

否 → 剂量≥29mg/kg

是 → 2.5%药效

否 → 剂量≥23.5mg/kg

是 → 52.8%药效

否 → 100%药效

5 若剂量在23.5mg/kg与29mg/kg之间，则输出值是这5个点的平均药效，即52.8%。

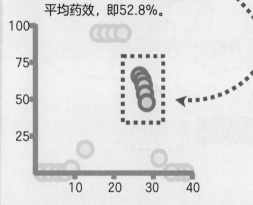

6 若剂量在14.5mg/kg与23.5mg/kg之间，则输出值是这4个点的平均药效，即100%。

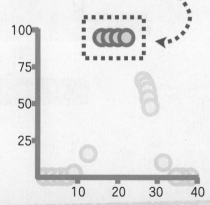

回归树：详解1

1 给定该训练数据，需要构建通过药品剂量来预测药效的回归树。

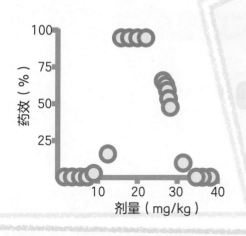

2 和分类树一样，首先需要判断回归树根节点的划分选择。

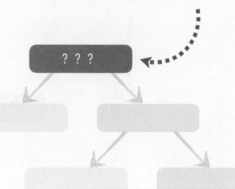

3 为此，首先计算前两个剂量的平均值，可得3mg/kg，对应图中的虚线……

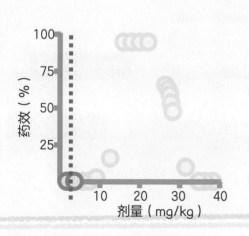

……其次，把剂量是否<3mg/kg当作根节点，构建简单树。

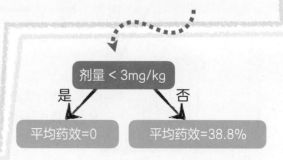

4 由于小于3mg/kg的剂量仅有一个点（0），其本身即为平均药效，被划分至左侧的叶节点。

其他所有点的剂量≥3mg/kg，它们的平均药效等于38.8%。因此，38.8%被划分至右侧的叶节点。

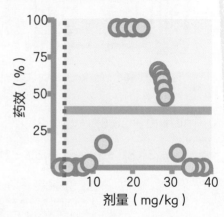

回归树：详解2

5 对于剂量小于3mg/kg的那一个点（其对应的药效为0）而言……

……回归树的预测效果很理想，也是0。

剂量 < 3mg/kg

是 → 平均药效=0

否 → 平均药效=38.8%

药效（%）
100 / 75 / 50 / 25

剂量（mg/kg）
10 20 30 40

6 相反，对于大于3mg/kg且药效为100%的剂量而言……

……回归树的预测药效只有38.8%，效果非常差。

药效（%）
100 / 75 / 50 / 25

剂量（mg/kg）
10 20 30 40

剂量 < 3mg/kg

是 → 平均药效 = 0

否 → 平均药效=38.8%

7 通过绘制残差（即预测值与观测值之差）图像，可以展现回归树预测能力的优劣。

也可以通过计算残差平方和（SSR）来量化预测能力的优劣……

……当回归树的阈值为剂量小于3mg/kg时，SSR=27468.5。

药效（%）
100 / 75 / 50 / 25

剂量（mg/kg）
10 20 30 40

最后，可以比较不同阈值的SSR，并将其绘制在SSR关于剂量的函数图像上，其中剂量为x轴，SSR为y轴。

$$(0 - 0)^2 + (0 - 38.8)^2 + (0 - 38.8)^2 + (0 - 38.8)^2 +$$

$$(5 - 38.8)^2 + (20 - 38.8)^2 + (100 - 38.8)^2 +$$

$$(100 - 38.8)^2 + \cdots + (0 - 38.8)^2$$

$$= 27468.5$$

SSR
30000 / 15000

剂量（mg/kg）
10 20 30 40

8 现在将剂量的阈值设定为图中第二和第三个测量值的平均值（5mg/kg）……

……把剂量<5mg/kg的点作为根节点，构建简单树。

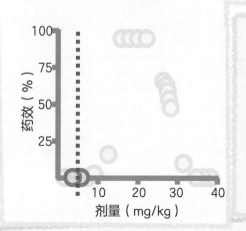

9 剂量<5mg/kg

是 ⟶ 平均药效 = 0

否 ⟶ 平均药效=41.1%

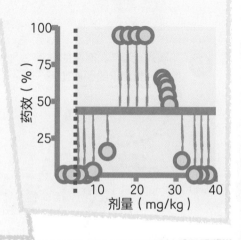

剂量<5mg/kg的数据点有两个，且其平均药效为0，故左侧的叶节点值为0。

其他所有的点≥5mg/kg，且其平均药效为41.1%，故右侧的叶节点值为41.1%。

10 现在计算新阈值剂量<5mg/kg对应的SSR，并绘制其关于剂量的图像……

……可以看到，剂量<5mg/kg对应的SSR和剂量<3mg/kg的SSR相比会更小。因为目标是最小化SSR，所以前者的阈值更好。

11 现在计算新阈值剂量<7mg/kg对应的SSR，并绘制其关于剂量的图像……

……可得以下简单树……

……以及图中对应的SSR。

剂量<7mg/kg

是 ⟶ 平均药效=0

否 ⟶ 平均药效=43.7%

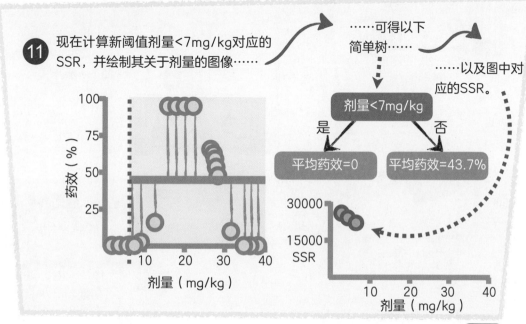

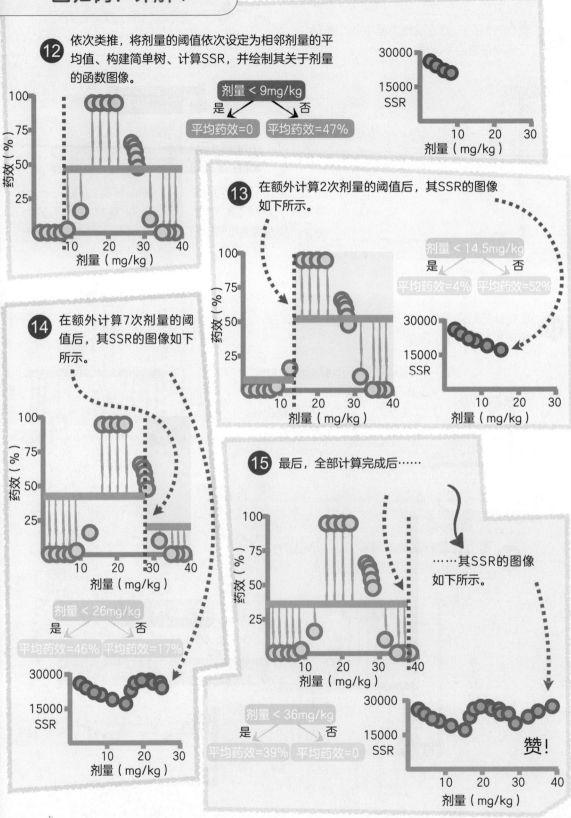

⑫ 依次类推，将剂量的阈值依次设定为相邻剂量的平均值、构建简单树、计算SSR，并绘制其关于剂量的函数图像。

剂量 < 9mg/kg
是 ↓ ↓ 否
平均药效=0　平均药效=47%

⑬ 在额外计算2次剂量的阈值后，其SSR的图像如下所示。

剂量 < 14.5mg/kg
是 　 否
平均药效=4%　平均药效=52%

⑭ 在额外计算7次剂量的阈值后，其SSR的图像如下所示。

剂量 < 26mg/kg
是 　 否
平均药效=46%　平均药效=17%

⑮ 最后，全部计算完成后……

……其SSR的图像如下所示。

剂量 < 36mg/kg
是 　 否
平均药效=39%　平均药效=0

赞！

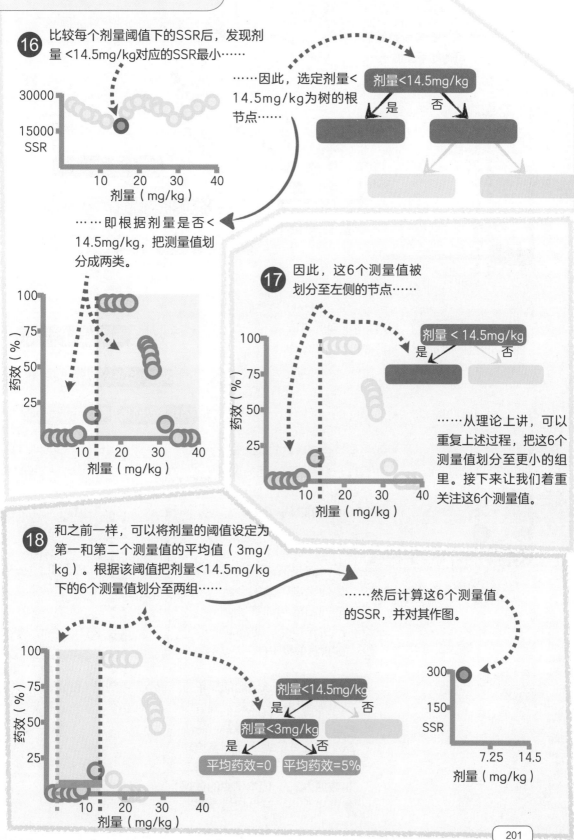

16 比较每个剂量阈值下的SSR后，发现剂量 <14.5mg/kg对应的SSR最小……

……因此，选定剂量<14.5mg/kg为树的根节点……

剂量<14.5mg/kg

是　否

…… 即根据剂量是否<14.5mg/kg，把测量值划分成两类。

17 因此，这6个测量值被划分至左侧的节点……

剂量 < 14.5mg/kg

是　否

……从理论上讲，可以重复上述过程，把这6个测量值划分至更小的组里。接下来让我们着重关注这6个测量值。

18 和之前一样，可以将剂量的阈值设定为第一和第二个测量值的平均值（3mg/kg）。根据该阈值把剂量<14.5mg/kg下的6个测量值划分至两组……

……然后计算这6个测量值的SSR，并对其作图。

剂量<14.5mg/kg

是　否

剂量<3mg/kg

是　否

平均药效=0　平均药效=5%

19 依次类推，计算所有阈值下的 SSR，可得如下图像……

……选取最小SSR对应的阈值，剂量<11.5mg/kg，作为下一个节点。

赞？
不，并没有赞。

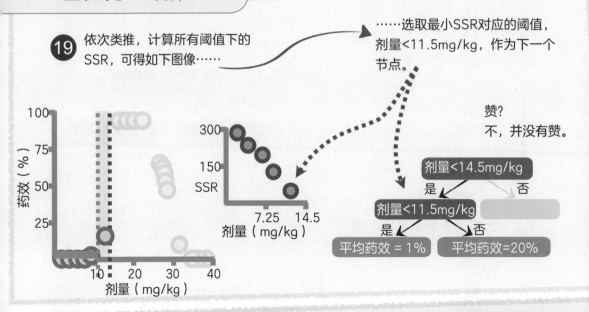

20 我们之前阐述了，从理论上说，可以把剂量 <14.5mg/kg下的6个测量值划分至更小的组里……

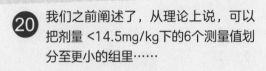

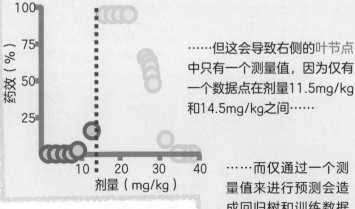

……但这会导致右侧的叶节点中只有一个测量值，因为仅有一个数据点在剂量11.5mg/kg和14.5mg/kg之间……

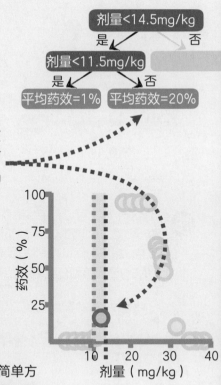

……而仅通过一个测量值来进行预测会造成回归树和训练数据产生过拟合，进而导致预测效果不佳。

一个可以规避该问题的简单方法是限制树上分支的发展，即一个节点上的数据量超过某个最小数值才能继续把测量值划分至不同的分支中。通常该最小数值为20，但本例中的数据集规模太小，可以把最小值设定为7。

21 因为在剂量<14.5mg/kg的组中，左侧节点仅有6个测量值……

……并且进一步划分需要最小7个测量值，所以左侧的节点就是叶节点……

剂量<14.5mg/kg
是　　否

剂量<14.5mg/kg
是　　否
4.2%药效

……该叶节点的输出值就是这6个测量值的平均药效，即4.2%。

赞！

22 现在需要关注在剂量≥14.5mg/kg的组中，如何处理右侧节点的13个测量值。

剂量<14.5mg/kg
是　　否
4.2%药效

23 右侧节点中的测量值超过7个，故通过寻找最小SSR对应的阈值继续划分，可得最优阈值为剂量≥29mg/kg。

剂量<14.5mg/kg
是　　否
4.2%药效　　剂量≥29mg/kg
是　　否

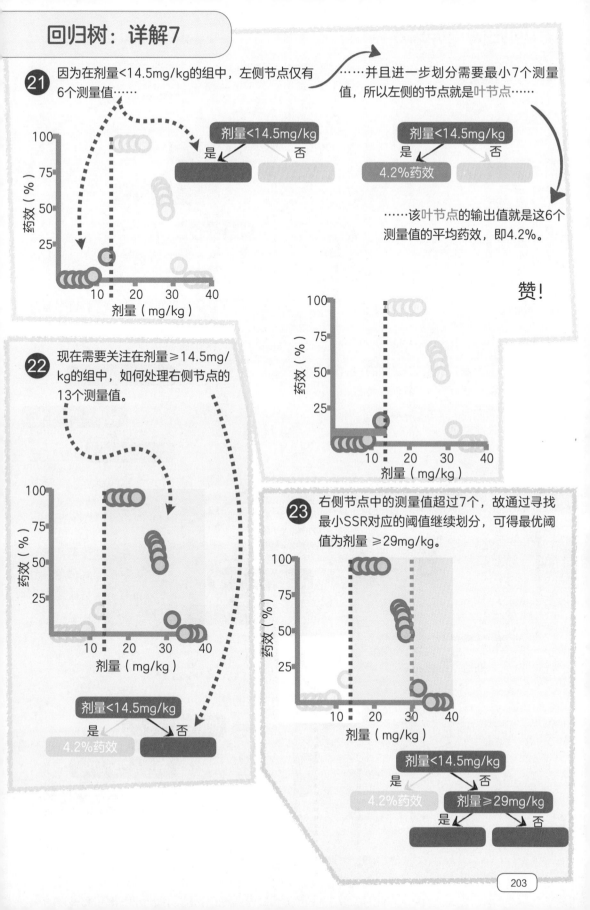

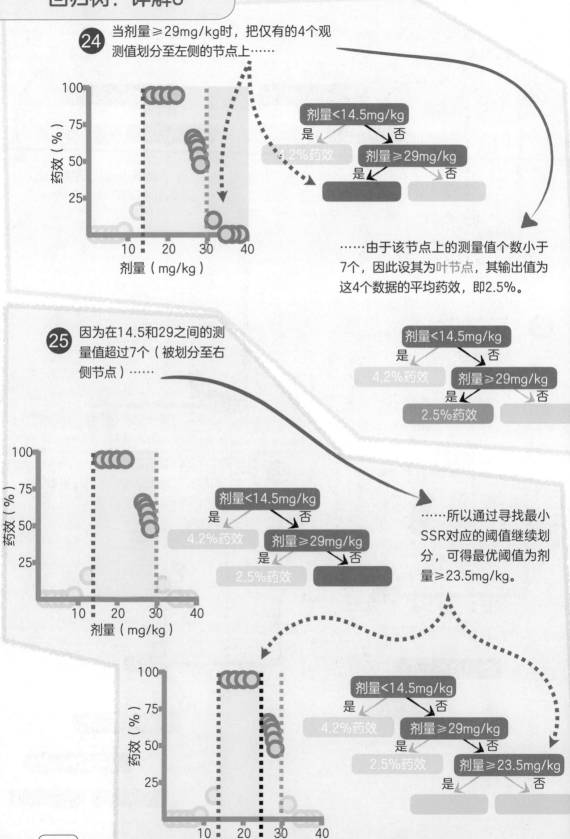

24 当剂量≥29mg/kg时，把仅有的4个观测值划分至左侧的节点上……

剂量<14.5mg/kg
是　否
4.2%药效　剂量≥29mg/kg
是　否

……由于该节点上的测量值个数小于7个，因此设其为叶节点，其输出值为这4个数据的平均药效，即2.5%。

25 因为在14.5和29之间的测量值超过7个（被划分至右侧节点）……

剂量<14.5mg/kg
是　否
4.2%药效　剂量≥29mg/kg
是　否
2.5%药效

……所以通过寻找最小SSR对应的阈值继续划分，可得最优阈值为剂量≥23.5mg/kg。

剂量<14.5mg/kg
是　否
4.2%药效　剂量≥29mg/kg
是　否
2.5%药效

剂量<14.5mg/kg
是　否
4.2%药效　剂量≥29mg/kg
是　否
2.5%药效　剂量≥23.5mg/kg
是　否

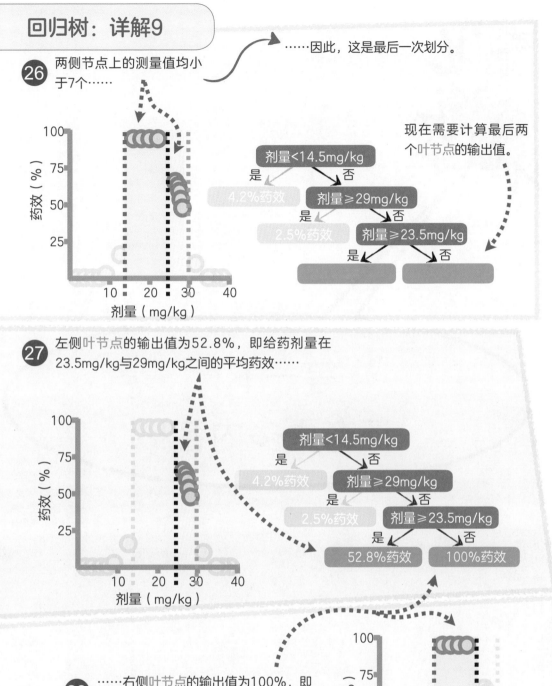

㉖ 两侧节点上的测量值均小于7个……

……因此，这是最后一次划分。

现在需要计算最后两个叶节点的输出值。

剂量<14.5mg/kg
是　否
4.2%药效　剂量≥29mg/kg
是　否
2.5%药效　剂量≥23.5mg/kg
是　否

㉗ 左侧叶节点的输出值为52.8%，即给药剂量在23.5mg/kg与29mg/kg之间的平均药效……

剂量<14.5mg/kg
是　否
4.2%药效　剂量≥29mg/kg
是　否
2.5%药效　剂量≥23.5mg/kg
是　否
52.8%药效　100%药效

㉘ ……右侧叶节点的输出值为100%，即给药剂量在14.5mg/kg与23.5mg/kg之间的平均药效……

㉙ 在漫长的详解后，最终构建了完整的回归树。

赞！赞！

1 迄今为止所构建的回归树仅用到一个变量（药品的剂量）用于预测药效。

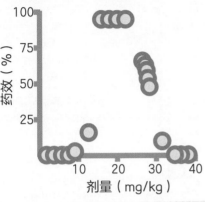

注：与分类树一样，回归树可以通过任何类型的变量进行预测。唯一不同的是回归树输出的预测值是连续变量。

剂量 (mg/kg)	药效 (%)
10	98
20	0
35	6
5	44
……	……

2 假设需要通过剂量、年龄，以及性别来预测药效。

剂量 (mg/kg)	年龄 (岁)	性别	药效 (%)
10	25	女	98
20	73	男	0
35	54	女	6
5	12	男	44
……	……	……	……

3 首先，暂不考虑年龄和性别，仅通过剂量预测药效……

剂量 (mg/kg)	年龄 (岁)	性别	药效 (%)
10	25	女	98
20	73	男	0
35	54	女	6
5	12	男	44
……	……	……	……

……选取最小SSR对应的剂量阈值。

然而，我们仅把该剂量阈值当作根节点的候选者，而不能直接确认其为根节点。

这可能是根节点，但目前还不能确认。

剂量≥23.5mg/kg

是　　　　　否

平均药效 = 4.2%　　平均药效 = 51.8%

4 其次，暂不考虑剂量和性别，仅通过年龄预测药效······

······选取最小SSR对应的剂量阈值。

剂量 (mg/kg)	年龄（岁）	性别	药效（%）
10	25	女	98
20	73	男	0
35	54	女	6
5	12	男	44
······	······		······

该年龄阈值成为根节点的另一个候选者。

年龄>50岁
是 / 否
平均药效 = 3%　　平均药效= 52%

5 再次，暂不考虑剂量和年龄，仅通过性别预测药效······

剂量 (mg/kg)	年龄（岁）	性别	药效（%）
10	25	女	98
20	73	男	0
35	54	女	6
5	12	男	44
······	······	······	······

······尽管性别特征仅有一个阈值（男或女），但仍可以和连续变量一样，计算其对应的SSR。

性别也成为根节点的一个候选者。

性别 = 女
是 / 否
平均药效 = 52%　　平均药效 = 40%

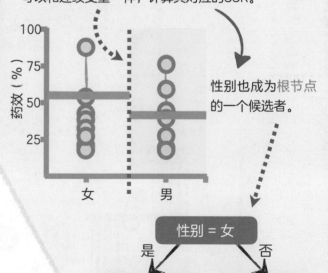

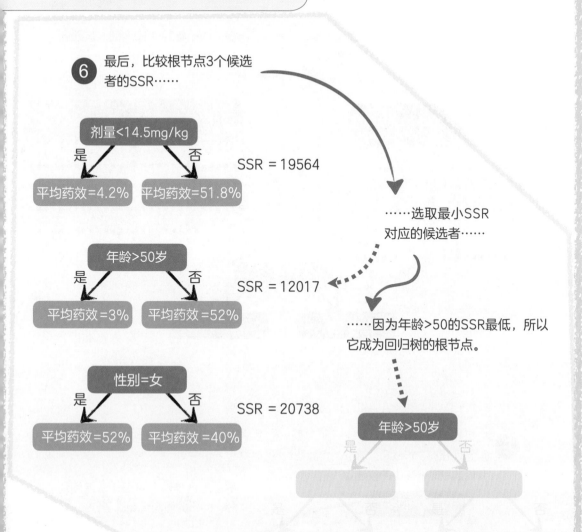

6 最后，比较根节点3个候选者的SSR……

剂量<14.5mg/kg
是　否
平均药效=4.2%　平均药效=51.8%

SSR = 19564

年龄>50岁
是　否
平均药效=3%　平均药效=52%

SSR = 12017

性别=女
是　否
平均药效=52%　平均药效=40%

SSR = 20738

……选取最小SSR对应的候选者……

……因为年龄>50的SSR最低，所以它成为回归树的根节点。

年龄>50岁
是　否

正态恐龙，你最喜欢决策树的哪些优点？

好问题！我喜欢决策树的易懂性和可以处理任何类型数据的灵活性。

7 把年龄>50岁当作根节点后，训练数据中年龄超过50岁的人被划分至左侧节点……

……年龄≤50岁的人被划分至右侧的节点。

剂量 (mg/kg)	年龄（岁）	性别	药效（%）
10	25	女	98
20	73	男	0
35	54	女	6
5	12	男	44
……	……	……	……

剂量 (mg/kg)	年龄（岁）	性别	药效（%）
10	25	女	98
20	73	男	0
35	54	女	6
5	12	男	44
……	……	……	……

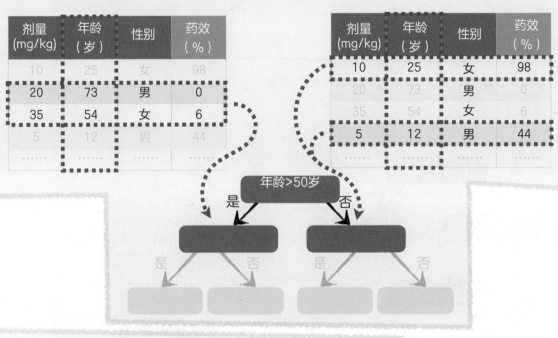

8 之后构建树的过程和之前一致。唯一的区别是现在有3个变量：剂量、年龄和性别。我们选取SSR最小的候选者……

重复上述步骤，直至无法继续划分，回归树便构建完成了。

赞！赞！赞！

注：需要预测的是药效。

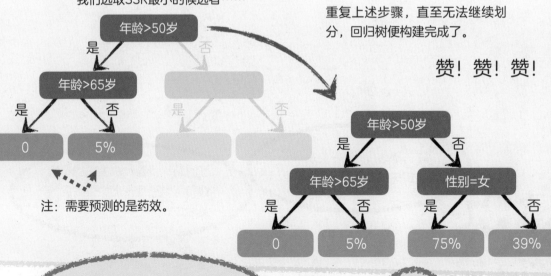

学习完决策树后，接下来让我们一起学习支持向量机。

第11章

支持向量机

1 问题：假设我们有观众消费爆米花的数据（g），并想通过该数据预测观众是否喜欢《矮人怪2》。图中红点代表不喜欢该部电影的观众，蓝点代表喜欢该部电影的观众。

爆米花消费量（g）

从理论上讲，可以先构建代表是否喜欢《矮人怪2》的y轴，然后把蓝点数据垂直移动到相应的位置……

……接着使用逻辑回归的S形曲线来拟合数据……

……然而，S形曲线会错误地把消费爆米花较多的人归类为喜欢《矮人怪2》的人群。因此，逻辑回归的分类效果会很差。

喜欢

喜欢《矮人怪2》？

不喜欢

爆米花消费量（g）

2 一个解决方案：支持向量机（Support Vector Machine, SVM）算法通过在数据上添加一个新轴来移动数据点，从而相对轻松地绘制一条可以正确分类的直线。

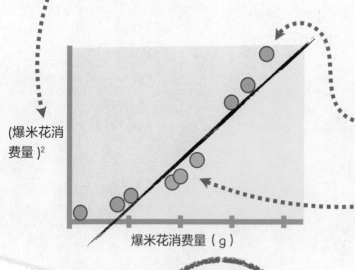

(爆米花消费量)^2

爆米花消费量（g）

在本例中，x轴代表每个观众消费爆米花的数量，y轴代表爆米花消费数量的平方。

所有在直线左边的点代表不喜欢《矮人怪2》的观众……

……而所有在直线右边的点代表喜欢《矮人怪2》的观众。因此，这条直线可以正确地把两类人群分开。

学习支持向量机的第一步是学习支持向量分类器。

好吃！我喜欢吃爆米花！

○ 喜欢《矮人怪2》
○ 不喜欢《矮人怪2》

1 若所有不喜欢《矮人怪2》的观众都少量消费爆米花……

而所有喜欢《矮人怪2》的观众都大量消费爆米花……

……则可以选择这个分类阈值。

爆米花消费量(g)

2 显而易见，该阈值效果很差。一旦有新观众消费爆米花的量在这个位置……

……那么即使他更靠近不喜欢《矮人怪2》的群体，他还是会被归类为喜欢《矮人怪2》。

由此可见，该阈值不是一个很好的选择。

能够改进吗？当然!

3 一个改进的方法是选取两类人群的中心点作为分类阈值。

先前那个被错误地归类为喜欢《矮人怪2》的观众现在被正确归类了。

4 然而，采用中心点的问题在于一旦出现异常值，则该方法立刻失效，比如这个异常值。

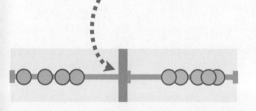

爆米花消费量（g）

由于异常值（如一个可能被错误标记的数据点）的存在，中心点离大多数喜欢《矮人怪》的数据点相对较远……

……在这种情况下，如果又有一个新观众，虽然他离不喜欢《矮人怪2》的观众的距离更近，但我们还是会把他归类为喜欢该部电影。

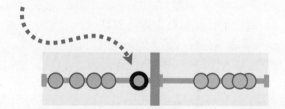

能够再改进吗？

当然!

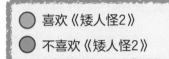

○ 喜欢《矮人怪2》

○ 不喜欢《矮人怪2》

5 一个可以降低分类阈值对异常值灵敏度的方法是允许错误分类。

举例来说，如果把阈值放置在这两个人的正中间……

……那么即使此人喜欢《矮人怪2》，也会被错误地归类为不喜欢该部电影……

……如果再来一个新的观众……

……那么他俩都被归类为不喜欢《矮人怪2》就变得合理了，因为他俩离不喜欢《矮人怪2》的观众的距离更近。

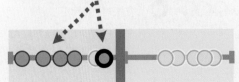

6 注：允许阈值对训练数据中的一些数据进行错误分类……

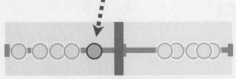

……以达到提高预测能力的目的……

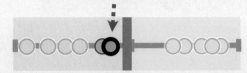

……便是第1章所介绍的偏差-方差权衡方法。通过允许适当地错误分类，使偏差少量增加，从而避免了训练数据的过拟合，并提高了模型对新数据的预测能力，即降低了方差。

……新阈值对预测的结果是一致的，即训练数据中有一个人被错误分类，而新观众被正确归类了。

7 当然，也可以把阈值设定在另外两个人的正中间……

可以看到，在本例的训练数据中，具体选取哪一对数据*用于设定阈值并不重要，因为余下的数据配对都会给予类似的预测结果。

然而，当数据集更复杂时，需要依赖交叉验证法来确定用于设定阈值的配对数据，并且确定训练数据中的错误分类个数，以达到最佳预测能力。

* 译者注：一对数据指的是从训练数据中喜欢《矮人怪2》的人中选取一人，再从不喜欢《矮人怪2》的人中选取一人，组成配对数据，计算中心点用于设定分类阈值。

喜欢《矮人怪2》

不喜欢《矮人怪2》

8 现在，假设通过交叉验证，我们已经确定将这两个点的中心点作为阈值，该阈值使预测效果达到最佳……

……我们称该阈值为支持向量分类器。赞。

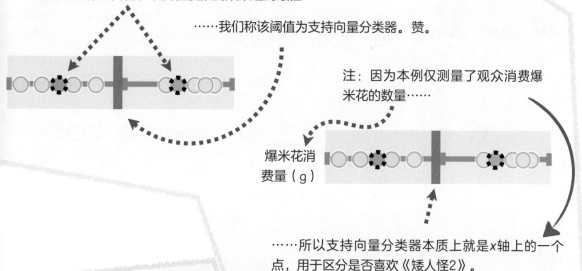

注：因为本例仅测量了观众消费爆米花的数量……

爆米花消费量（g）

……所以支持向量分类器本质上就是x轴上的一个点，用于区分是否喜欢《矮人怪2》。

9 若在消费爆米花的数量以外，再加上碳酸饮料的消费量构成二维数据……

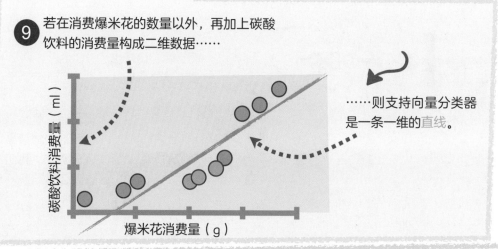

……则支持向量分类器是一条一维的直线。

碳酸饮料消费量（ml）

爆米花消费量（g）

10 若测量了爆米花的消费量、碳酸饮料的消费量和观众年龄构成三维数据，则支持向量分类器是一个二维的平面。

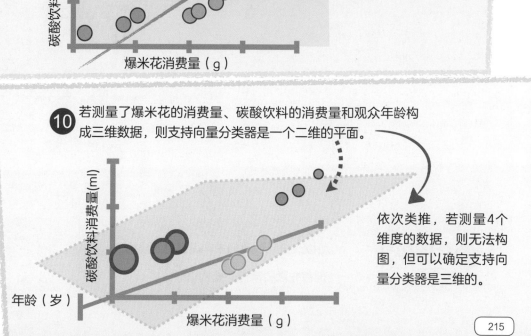

依次类推，若测量4个维度的数据，则无法构图，但可以确定支持向量分类器是三维的。

碳酸饮料消费量(ml)

年龄（岁）

爆米花消费量（g）

○ 喜欢《矮人怪2》

○ 不喜欢《矮人怪2》

11 支持向量分类器因其处理异常值时的
优秀能力而非常有用……

……但如果数据如下图所示，喜欢《矮人怪2》
的观众被不喜欢的观众包围了，该怎么办？

12 那么无论支持向量分类器
被设定在何处，总会有大
量的数据被错误分类。

呃！这些被错误
分类了。

呃！呃！这些也
被错误分类了。

呃！呃！呃！这
些和这些都被错
误分类了。我们
该怎么办？

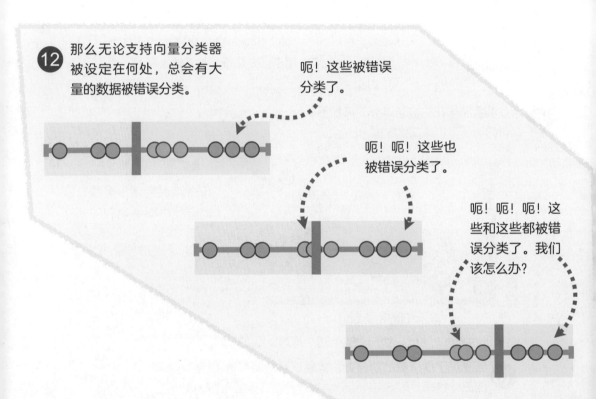

13 当然！

可以改进！让我们来学习支持向量机！

但首先需要掌握一些术语……

不好！可怕的术语解释来了。

○ 喜欢《矮人怪2》
○ 不喜欢《矮人怪2》

1 在支持向量分类器中，这些用于设定阈值的点……

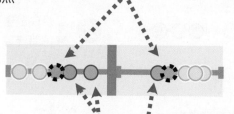

……以及这些接近于阈值的点被称为支持向量。

2 设定阈值的点和阈值本身的距离被称为间隔（Margin）。

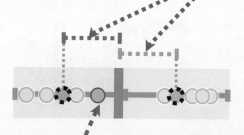

……若允许错误分类，则该距离被称为软间隔（Soft Margin）。

学习完这些术语后，在我们深入探究支持向量机前，先尝试理解其工作原理。

正态恐龙，你知道哪些关于电影《矮人怪2》的小趣闻？

当然！《矮人怪2》的反派角色是哥布林而不是矮人怪。发行人明知如此，但仍将影片命名为矮人怪，因为他们相信大众更愿意观看关于矮人怪的影片。

支持向量机：直观部分1

◯ 喜欢《矮人怪2》
◯ 不喜欢《矮人怪2》

1 为了具象化支持向量机的工作原理，让我们关注以下数据集：在这个数据集中，喜欢《矮人怪2》的观众被不喜欢的人所环绕。

2 尽管只测量了一个维度的数据：爆米花消费量，我们还是在图上添加一条y轴。

爆米花消费量（g）

3 具体来说，y轴为爆米花消费量的平方。

(爆米花消费量)^2

爆米花消费量（g）

4 例如，第1个人仅吃了0.5g的爆米花，其对应的x值为0.5……

(爆米花消费量)^2

爆米花消费量（g）

……对应的y值为 $0.5^2 = 0.25$。

(爆米花消费量)^2

爆米花消费量（g）

5 依次类推，绘制剩下所有点对应的y值。

(爆米花消费量)^2

爆米花消费量（g）

(爆米花消费量)^2

爆米花消费量（g）

(爆米花消费量)^2

爆米花消费量（g）

○ 喜欢《矮人怪2》
○ 不喜欢《矮人怪2》

⑥ 现在的数据是二维数据……

(爆米花消费量)² ↑
爆米花消费量（g）
(爆米花消费量)²

……从图上可以看到，由于数据是二维的，支持向量分类器就是图中这条直线，可以通过该条直线区分观众的偏好。

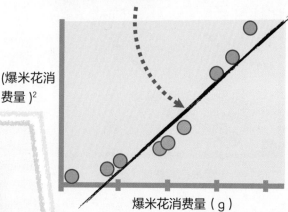

爆米花消费量（g）

以下为3个主要步骤。

⑦ 支持向量机的3个主要步骤分别是……

ⓐ 首先从低维度的数据开始。本例从数轴上的一维数据开始。

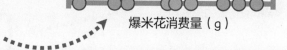

爆米花消费量（g）

ⓒ 最后找到可以把高维数据分隔成两类的支持向量分类器。

ⓑ 然后对现有数据升维。本例通过对原始爆米花的消费量求平方，得到二维数据。

(爆米花消费量)²

(爆米花消费量)²
爆米花消费量（g）

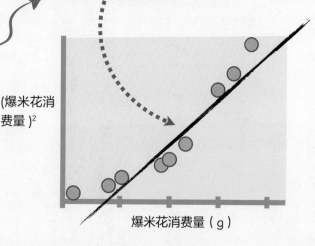

爆米花消费量（g）

* 译者注：英文中的一语双关，kernal在机器学习语境中的意思是核，但在日常语境中是玉米粒。

我喜欢来自玉米粒的爆米花*！

① 在上一个例子中，读者可能会对为何采用爆米花消费量的平方作为y值产生疑问……

……为什么不用别的方式来转化数据，比如以下方式。

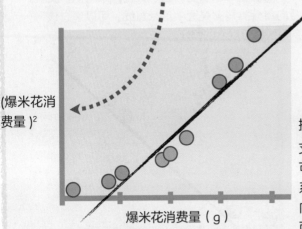

(爆米花消费量)²

爆米花消费量（g）

$$\frac{\pi}{4}\sqrt{爆米花}$$

换句话说，转化数据的逻辑是什么？

支持向量机通过核函数（Kernal Function）可以有效地对数据升维，并且核函数可以系统性地帮助我们在高维数据中找到支持向量分类器。

两种最常见的核函数是多项式核（Polynomial Kernal）以及径向基核（Radial Kernel，RBF Kernal）。**

**译者注：径向基函数核又称高斯核（Gaussian Kernal）。

② 箭头所指向的是多项式核的形式……

多项式核：$(a \times b + r)^d$

……其中a和b是数据中两个不同的观测点……

……r是多项式的常数项……

……d是多项式的系数。

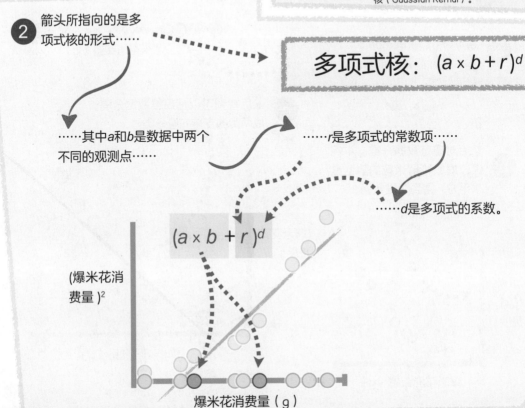

$(a \times b + r)^d$

(爆米花消费量)²

爆米花消费量（g）

多项式核：$(a \times b + r)^d$

3 在爆米花的例子中，设$r = 1/2$，$d = 2$……

……可以展开完全平方式……

$$(a \times b + r)^d = (a \times b + \frac{1}{2})^2 = (a \times b + \frac{1}{2})(a \times b + \frac{1}{2})$$

……即二项式平方……

$$= a^2 b^2 + \frac{1}{2}ab + \frac{1}{2}ab + \frac{1}{4}$$

……合并同类项……

$$= a^2 b^2 + ab + \frac{1}{4}$$

……为后面进行简化处理，把前两项位置互换……

$$= ab + a^2 b^2 + \frac{1}{4}$$

……最后，该多项式可以用下述点乘等式表示。

$$= (a, a^2, \frac{1}{2}) \cdot (b, b^2, \frac{1}{2})$$

注：点乘看上去很复杂，但其实质是……

$$(a, a^2, \frac{1}{2}) \cdot (b, b^2, \frac{1}{2})$$

……把前两项相乘的结果……

$$ab$$

$$(a, a^2, \frac{1}{2}) \cdot (b, b^2, \frac{1}{2})$$

……加上中间两项相乘的结果……

$$ab + a^2 b^2$$

$$(a, a^2, \frac{1}{2}) \cdot (b, b^2, \frac{1}{2})$$

……再加上最后两项相乘的结果。

$$ab + a^2 b^2 + \frac{1}{4}$$

正态恐龙，什么是点乘？

统计野人，右侧绿框中讲解了什么是点乘。

赞！

4 小结上一页的内容，我们从多项式核开始…… ······设r=1/2，d=2······ ······经计算，可得该点乘等式······

······接下来，统计野人学习了点乘······

$$(a \times b + r)^d = (a \times b + \frac{1}{2})^2 = (a, a^2, \frac{1}{2}) \cdot (b, b^2, \frac{1}{2})$$

······现在，我们需要学习并了解为什么点乘如此令人激动。

5 a和b是数据中两个不同的观测点，故第一项是a和b对应的x轴位置……

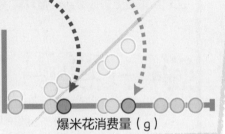

$$(a, a^2, \frac{1}{2}) \cdot (b, b^2, \frac{1}{2})$$

(爆米花消费量)^2

爆米花消费量（g）

6 ······第二项是其对应的y轴位置······

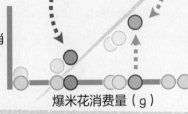

$$(a, a^2, \frac{1}{2}) \cdot (b, b^2, \frac{1}{2})$$

(爆米花消费量)^2

爆米花消费量（g）

7 ······第三项是其对应的z轴位置。

然而，任取所有成对的数据点a和b，该项对应的都是常数1/2。故忽略该项。

$$(a, a^2, \frac{1}{2}) \cdot (b, b^2, \frac{1}{2})$$ $$(a, a^2, \cancel{\frac{1}{2}}) \cdot (b, b^2, \cancel{\frac{1}{2}})$$

8 最后，点乘等式包含数据在x轴和y轴上的数值。

其中，x值代表爆米花的消费量，y值代表爆米花消费量的平方。

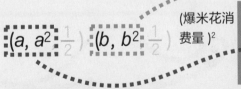

$$(a, a^2, \frac{1}{2}) (b, b^2, \frac{1}{2})$$

(爆米花消费量)^2

爆米花消费量（g）

9 支持向量机中核函数的使用避免了数据从低维至高维的实质转换。

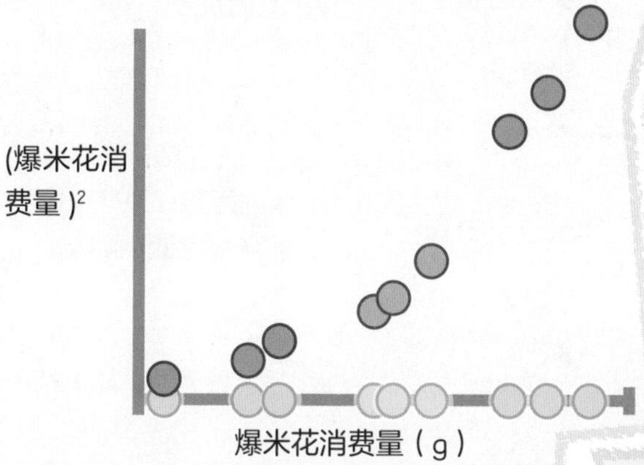

(爆米花消费量)²

爆米花消费量（g）

10 相反，核函数通过每对数据的点乘（即a和b的点乘），计算数据在高维度下的关联，从而找到最优的支持向量分类器。

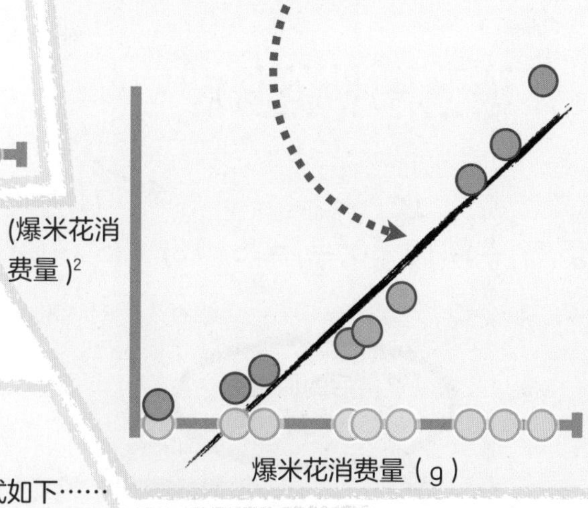

(爆米花消费量)²

爆米花消费量（g）

11 举例来说，当r=1/2，d=2时……

……其点乘等式如下……

$$(a \times b + r)^d = (a \times b + \frac{1}{2})^2 = (a, a^2, \frac{1}{2}) \cdot (b, b^2, \frac{1}{2})$$

12 ……a和b代表训练数据中的两个不同观测点，可以把其具体数值代入点乘中计算。

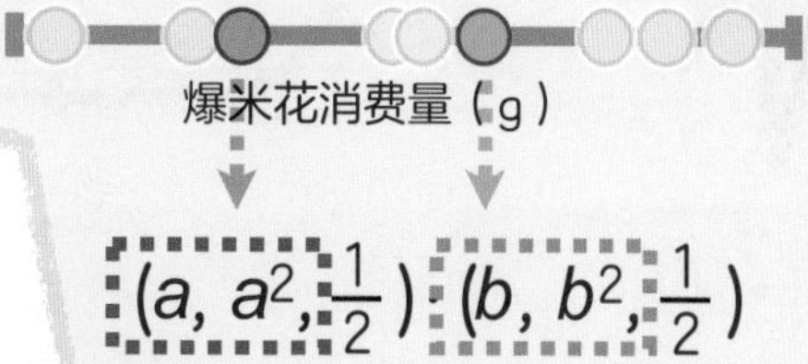

爆米花消费量（g）

$$(a, a^2, \frac{1}{2}) \quad (b, b^2, \frac{1}{2})$$

怎么知道r和d的最优取值呢？

可以通过交叉验证调参后，选取最优值。

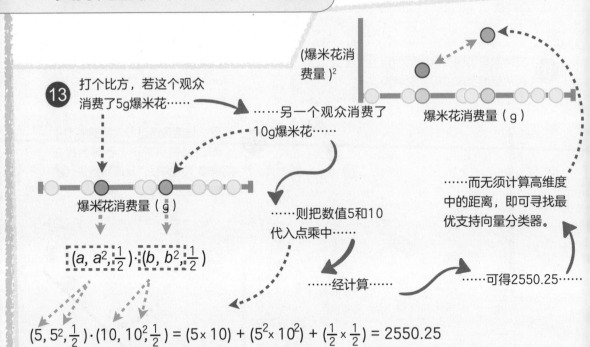

⑬ 打个比方，若这个观众消费了5g爆米花……

……另一个观众消费了10g爆米花……

(爆米花消费量)²

爆米花消费量（g）

……而无须计算高维度中的距离，即可寻找最优支持向量分类器。

爆米花消费量（g）

$(a, a^2, \frac{1}{2}) \cdot (b, b^2, \frac{1}{2})$

……则把数值5和10代入点乘中……

……经计算……

……可得2550.25

$$(5, 5^2, \frac{1}{2}) \cdot (10, 10^2, \frac{1}{2}) = (5 \times 10) + (5^2 \times 10^2) + (\frac{1}{2} \times \frac{1}{2}) = 2550.25$$

这背后的原理究竟是什么呢?

通过点乘计算所得的数据之间的关联会作为支持向量机的输入项，这种计算方法被称为拉格朗日乘数法（Lagrangian Multiplier Method）。与梯度下降法类似，拉格朗日乘数法也是一种迭代法，用于在每次迭代中寻找最优的支持向量分类器。

关于拉格朗日乘数法的详细原理超出了本书的范围，故不在此处详细说明。

⑭ 介绍完支持向量机以及多项式核的大致原理后，让我们简单介绍一下径向基核的工作原理。

赞!

径向基核：直观理解

1 在本章靠前的部分中，我们知道支持向量机中有两种最流行的核函数：多项式核和径向基核。

现在一起直观地学习一下径向基核的工作原理。

2 径向基核背后的基本原理是当需要预测一个新观众的偏好时……

……可以观察训练数据中离其最近的一些数据被归类为哪类人群。在本例中，最近的一些数据代表了不喜欢《矮人怪2》的人群……

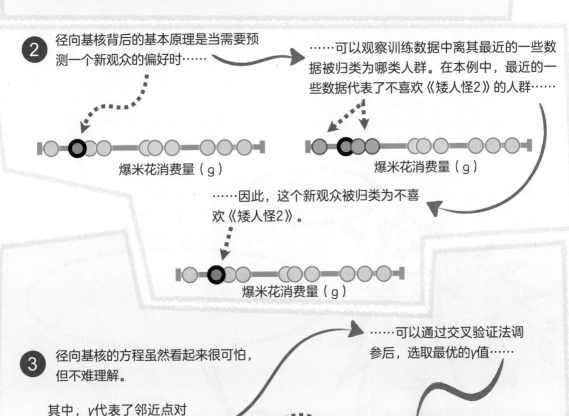

爆米花消费量（g）

爆米花消费量（g）

……因此，这个新观众被归类为不喜欢《矮人怪2》。

爆米花消费量（g）

3 径向基核的方程虽然看起来很可怕，但不难理解。

其中，γ代表了邻近点对分类的影响程度……

……可以通过交叉验证法调参后，选取最优的γ值……

……与多项式核一样，a和b是数据中两个不同的观测点。

$$e^{-\gamma(a-b)^2}$$

赞！赞！

4 虽然可能难以置信，但若在多项式核中设定$r=0$，$d=\infty$，则多项式核等于径向基核……

……这意味着径向基核在无限维度上寻找支持向量分类器。这听上去不可思议，但在数学上是成立的。如果读者想要深入学习支持向量机，那么可以在作者的YouTube频道自行搜索相关内容。

$$(a \times b + r)^d = (a \times b + 0)^\infty$$

正态恐龙，我们接下来学习什么？

我们将学习听起来很可怕的神经网络，但其实际上只是拟合曲线的机器学习算法。不要过于担心！

第12章

神经网络

神经网络

第一部分:

神经网络的
基本原理

神经网络：主要思想

1 问题：假设以下数据展示了同一药物在不同给药剂量下的药效……

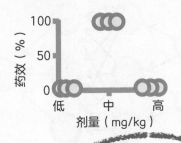

……若使用逻辑回归方法拟合，则其S形曲线与数据的拟合程度较差。在本例中，高剂量的药效会被错误分类。

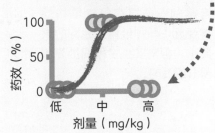

能用决策树或者支持向量机来解决这个问题吗？

当然可以！但两者的表现可能不尽相同，所以需要尝试构建两个模型，看看哪个模型的效果更好。

2 一个解决方案：虽然神经网络的名字听起来令人震撼，但实际上是把复杂的曲线或弯曲的形状与数据拟合。如同决策树和支持向量机，神经网络可以很好地处理变量之间的任何关系。

举例来说，这个神经网络……

……可以通过复杂的曲线来拟合数据……

……或者这个神经网络……

……可以通过弯曲的形状来拟合数据。

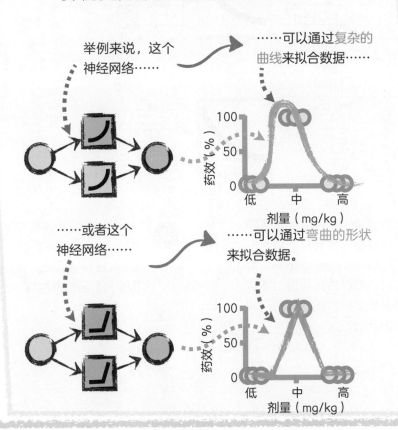

1 虽然神经网络看起来像由突触连接的一群具有复杂结构的神经元（即神经网络名称的来源），但其实是由相同的简单部分组成的。

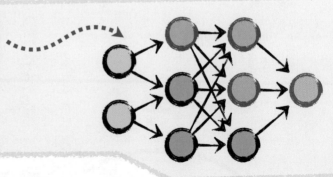

2 神经网络由节点（方框）……

……以及节点间的连接（箭头）组成。

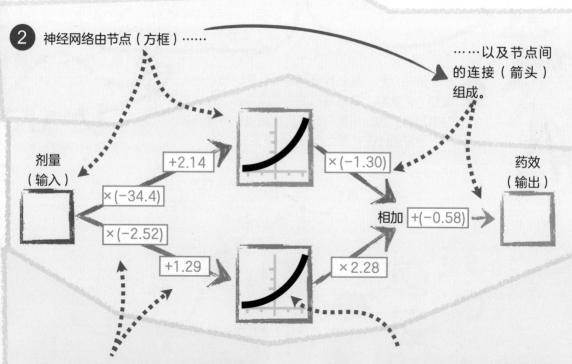

剂量（输入）

+2.14

×(−34.4)

×(−2.52)

+1.29

×(−1.30)

×2.28

相加 +(−0.58)

药效（输出）

3 连接旁边的数字表示该神经网络的参数值，这些参数值通过被称为反向传播算法（Backpropagation）的神经网络拟合过程估计得出。本章接下来将逐步了解参数的作用以及如何对其进行估计。

4 一些节点内的曲线被称为激活函数（Activation Function），它们增加了神经网络的灵活性，使其能够与几乎任何数据拟合。

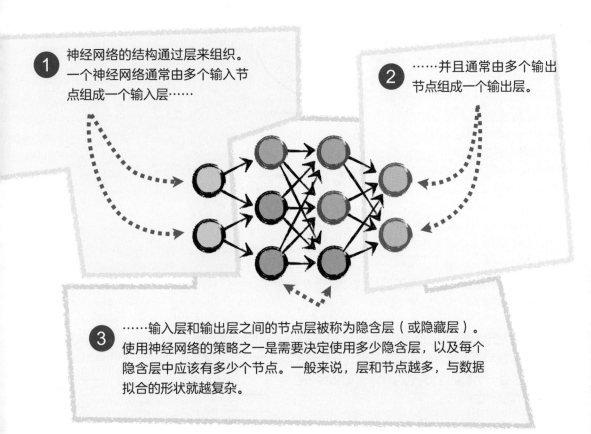

1 神经网络的结构通过层来组织。一个神经网络通常由多个输入节点组成一个输入层……

2 ……并且通常由多个输出节点组成一个输出层。

3 ……输入层和输出层之间的节点层被称为隐含层（或隐藏层）。使用神经网络的策略之一是需要决定使用多少隐含层，以及每个隐含层中应该有多少个节点。一般来说，层和节点越多，与数据拟合的形状就越复杂。

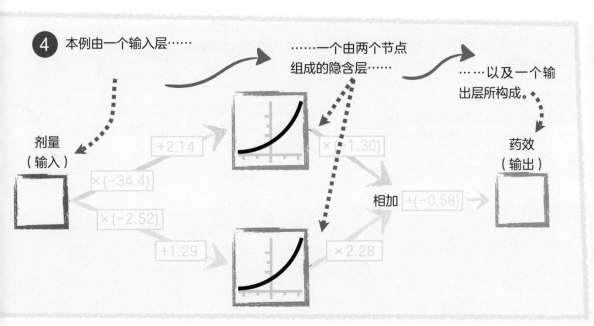

4 本例由一个输入层……

……一个由两个节点组成的隐含层……

……以及一个输出层所构成。

剂量（输入）

+2.14

×(−34.4)

×(−2.52)

+1.29

×(−1.30)

×2.28

相加 +(−0.58)

药效（输出）

1 激活函数是模型拟合的基本构建要素。

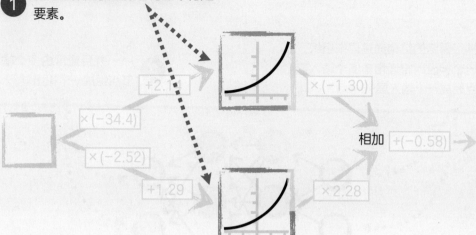

相加

2 激活函数有很多不同的类型，以下是常用的三种：

整流线性单元函数（RectifiedLinearUnit，ReLU）是大型神经网络中最常用的激活函数，尽管它的英文听起来像一个机器人的名字。ReLU函数是一条弯折线，其拐点在x=0处。

SoftPlus函数听起来像一个卫生纸的品牌，是ReLU函数的一个变种。两者最大的不同是SoftPlus函数不在0点弯折，而是一条丝滑的曲线。

3

虽然激活函数的名字听起来很复杂，但其使用方法就像你十几岁时学过的函数一样：代入x值、计算、求y值。

Sigmoid激活函数是一条S形曲线，其经常被用于神经网络的教学，但在实践中却很少被用到。

举例，SoftPlus的函数形式是：

$$SoftPlus(x)=\log(1+e^x)$$

……其中log是自然对数，$e \approx 2.72$。

因此，若x=2.14……

……则代入，可得SoftPlus的y值为2.25，即$\log(1+e^x)=2.25$。

现在让我们学习一下激活函数的原理。

激活函数：主要思想

1 问题：需要构建令人满意的曲线或形状，用于拟合任何复杂的数据集。

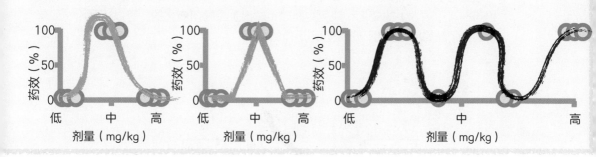

2 一个解决方案：可以通过神经网络拉伸、旋转、裁剪和组合各类激活函数。

注：本页只是为了展示下一节的目标，故不用多想，请继续学习。

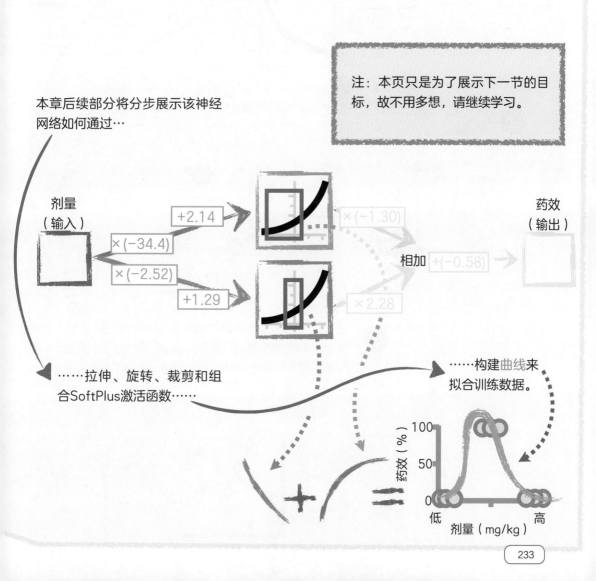

本章后续部分将分步展示该神经网络如何通过⋯

⋯⋯拉伸、旋转、裁剪和组合SoftPlus激活函数⋯⋯

⋯⋯构建曲线来拟合训练数据。

1 很多人说神经网络是黑箱模型，故很难理解其内在原理。对于大型复杂的神经网络而言，的确如此，但对于简单的模型却恰恰相反。通过观察随着给药剂量（输入）的变化，预测的药效（输出）是如何变化的，可以让我们逐步了解简单的神经网络是如何运作的。

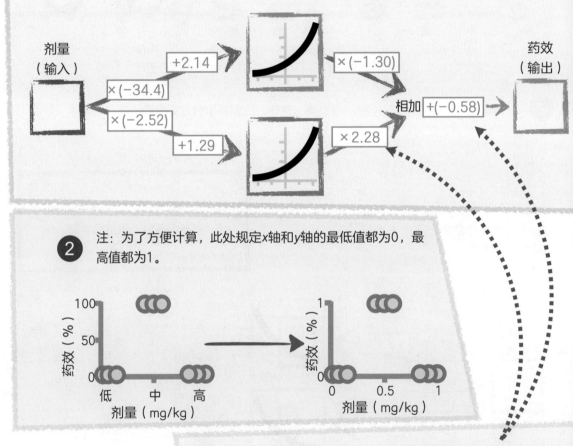

2 注：为了方便计算，此处规定x轴和y轴的最低值都为0，最高值都为1。

3 注：这些数字是参数值，通过逆传播算法估计得到，之后将会介绍逆传播算法。此处假设这些数值已是最优解，类似于用拟合线拟合数据时得到的最优斜率和截距。

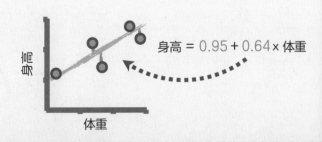

身高 = 0.95 + 0.64 × 体重

4 首先把最低剂量（0）代入神经网络中。

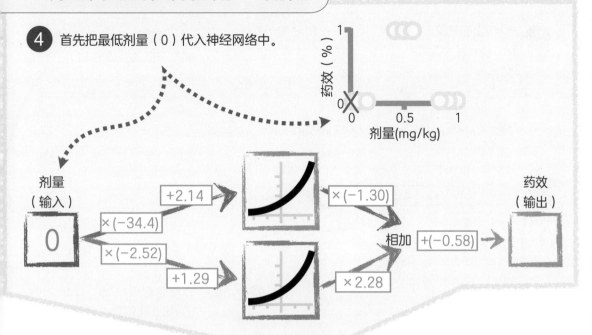

5 沿着输入节点到隐含层顶部节点的连接，将剂量乘以−34.4，再加上2.14……

（剂量 × (−34.4)）+ 2.14 = x轴数值

(0 × (−34.4)) + 2.14 = x轴数值 = 2.14

……得到的2.14是激活函数x轴上的数值。

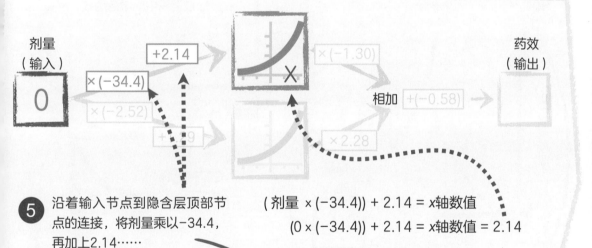

无论是否相信，虽然神经网络的名字听起来既摩登又酷炫，但其实是20世纪50年代的产物！

6 把x轴上的数值2.14代入
SoftPlus激活函数中……

……和之前一样，
代入后计算……

……可得2.25，即x值为2.14
时，对应的y值为2.25……

SoftPlus(x)=SoftPlus(2.14)=log(1+$e^{2.14}$)=y轴数值=2.25

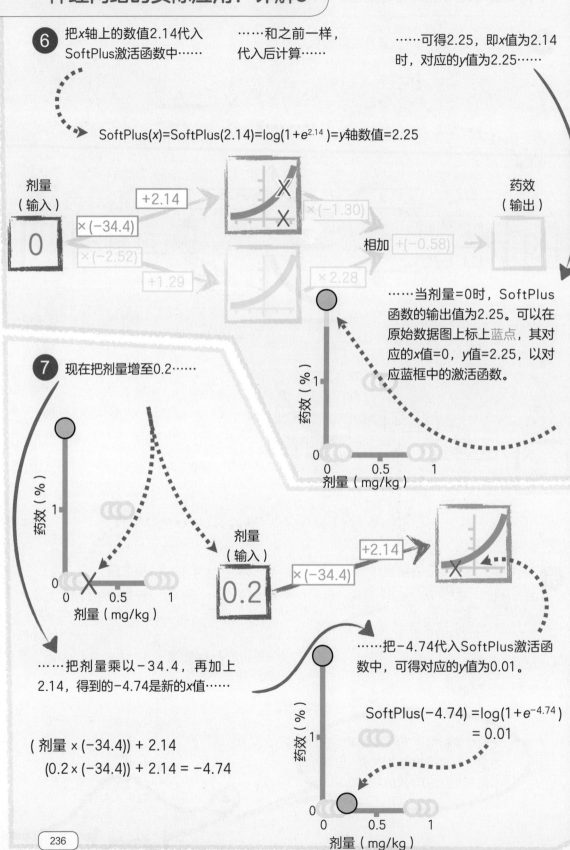

剂量
（输入）

0

$+2.14$

$\times(-34.4)$

$\times(-2.52)$

$+1.29$

$\times(-1.30)$

$\times 2.28$

相加 $+(-0.58)$

药效
（输出）

……当剂量=0时，SoftPlus
函数的输出值为2.25。可以在
原始数据图上标上蓝点，其对
应的x值=0，y值=2.25，以对
应蓝框中的激活函数。

药效（%）

1

0

0   0.5   1
剂量（mg/kg）

7 现在把剂量增至0.2……

药效（%）

1

0

0   0.5   1
剂量（mg/kg）

剂量
（输入）

0.2

$\times(-34.4)$

$+2.14$

……把剂量乘以-34.4，再加上
2.14，得到的-4.74是新的x值……

（剂量$\times(-34.4)$）$+2.14$

（0.2$\times(-34.4)$）$+2.14=-4.74$

……把-4.74代入SoftPlus激活函
数中，可得对应的y值为0.01。

SoftPlus(-4.74)=log(1+$e^{-4.74}$)
= 0.01

药效（%）

1

0

0   0.5   1
剂量（mg/kg）

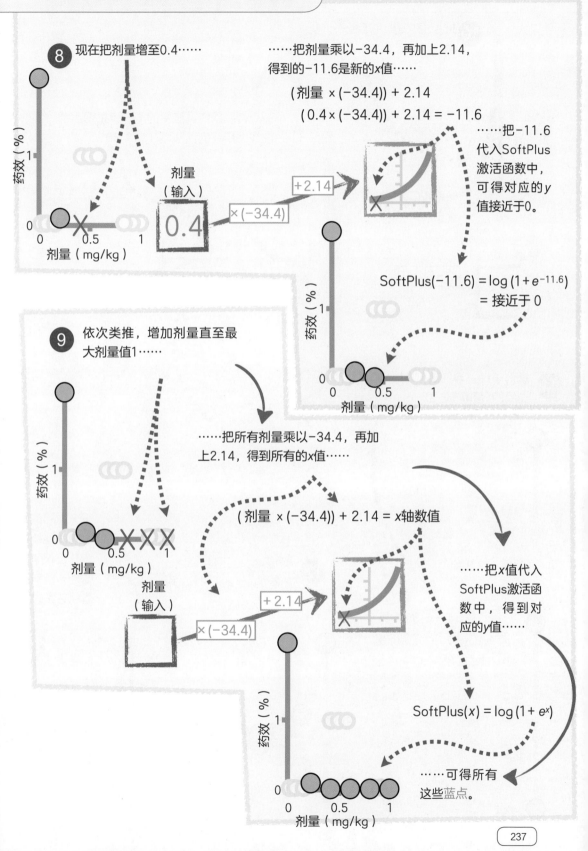

8 现在把剂量增至0.4……

……把剂量乘以-34.4，再加上2.14，得到的-11.6是新的*x*值……

(剂量 × (-34.4)) + 2.14

(0.4 × (-34.4)) + 2.14 = -11.6

……把-11.6代入SoftPlus激活函数中，可得对应的*y*值接近于0。

剂量（输入）

0.4

× (-34.4)

+ 2.14

$$SoftPlus(-11.6) = \log(1 + e^{-11.6})$$
$$= 接近于 0$$

药效（%）

剂量（mg/kg）

9 依次类推，增加剂量直至最大剂量值1……

……把所有剂量乘以-34.4，再加上2.14，得到所有的*x*值……

(剂量 × (-34.4)) + 2.14 = *x*轴数值

……把*x*值代入SoftPlus激活函数中，得到对应的*y*值……

剂量（输入）

× (-34.4)

+ 2.14

$$SoftPlus(x) = \log(1 + e^{x})$$

……可得所有这些蓝点。

药效（%）

剂量（mg/kg）

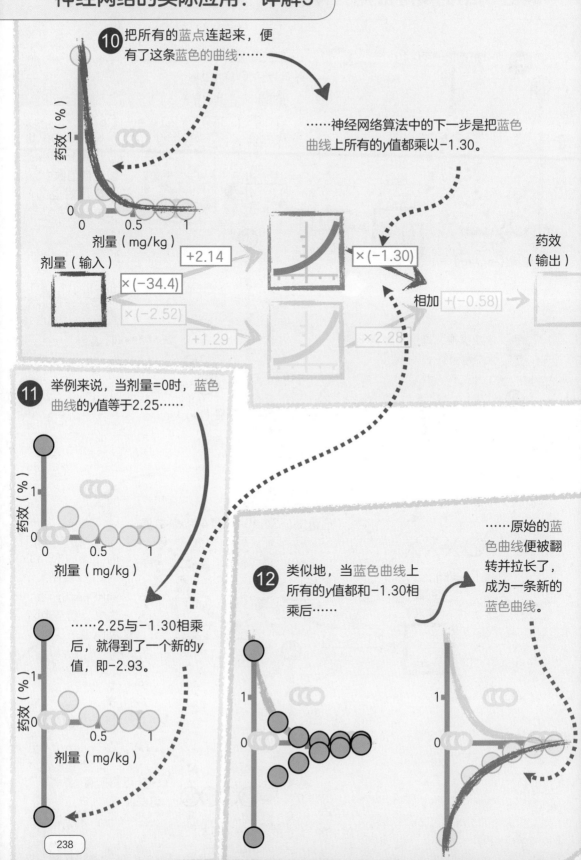

⑩ 把所有的蓝点连起来，便有了这条蓝色的曲线……

……神经网络算法中的下一步是把蓝色曲线上所有的 y 值都乘以 −1.30。

药效（%）

剂量（mg/kg）

剂量（输入）

+2.14

×(−34.4)

×(−2.52)

+1.29

×(−1.30)

×2.28

相加 +(−0.58)

药效（输出）

⑪ 举例来说，当剂量=0时，蓝色曲线的 y 值等于2.25……

药效（%）

剂量（mg/kg）

……2.25与−1.30相乘后，就得到了一个新的 y 值，即−2.93。

药效（%）

剂量（mg/kg）

⑫ 类似地，当蓝色曲线上所有的 y 值都和−1.30相乘后……

……原始的蓝色曲线便被翻转并拉长了，成为一条新的蓝色曲线。

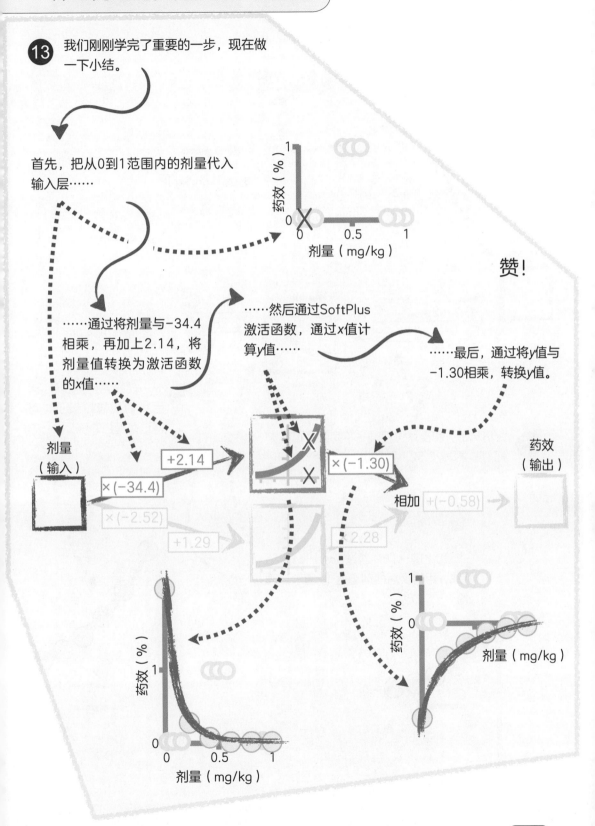

13 我们刚刚学完了重要的一步，现在做一下小结。

首先，把从0到1范围内的剂量代入输入层……

……通过将剂量与−34.4相乘，再加上2.14，将剂量值转换为激活函数的x值……

……然后通过SoftPlus激活函数，通过x值计算y值……

……最后，通过将y值与−1.30相乘，转换y值。

赞！

剂量（输入）

×（−34.4）

+2.14

×（−2.52）

+1.29

×（−1.30）

×2.28

相加 +（−0.58）

药效（输出）

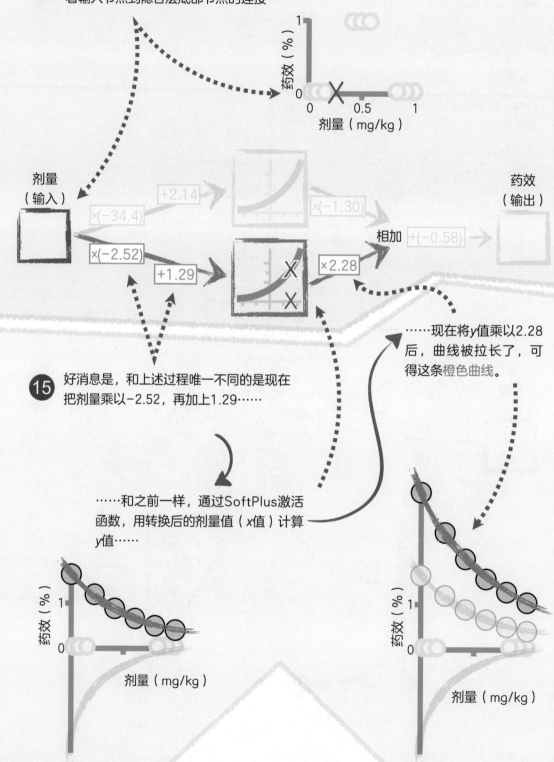

14 现在，重新把剂量值代入神经网络，但沿着输入节点到隐含层底部节点的连接……

药效（%）

剂量（mg/kg）

剂量（输入）

x(−34.4)　+2.14

x(−1.30)

x(−2.52)　+1.29

x2.28

相加　+(−0.58)

药效（输出）

……现在将y值乘以2.28后，曲线被拉长了，可得这条橙色曲线。

15 好消息是，和上述过程唯一不同的是现在把剂量乘以−2.52，再加上1.29……

……和之前一样，通过SoftPlus激活函数，用转换后的剂量值（x值）计算y值……

药效（%）

剂量（mg/kg）

药效（%）

剂量（mg/kg）

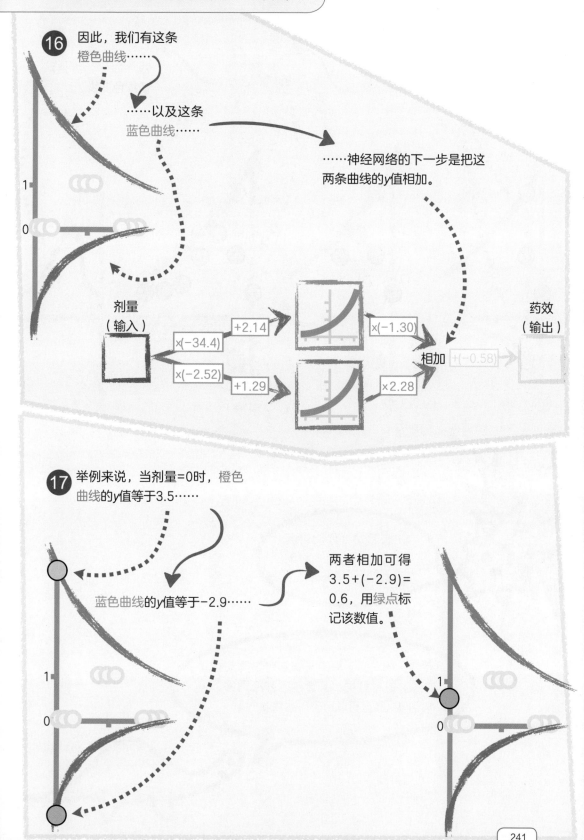

16 因此，我们有这条橙色曲线……

……以及这条蓝色曲线……

……神经网络的下一步是把这两条曲线的y值相加。

1

0

剂量（输入）

x(-34.4)

+2.14

x(-1.30)

x(-2.52)

+1.29

x2.28

相加 +(-0.58)

药效（输出）

17 举例来说，当剂量=0时，橙色曲线的y值等于3.5……

蓝色曲线的y值等于-2.9……

两者相加可得3.5+(-2.9)=0.6，用绿点标记该数值。

1

0

1

0

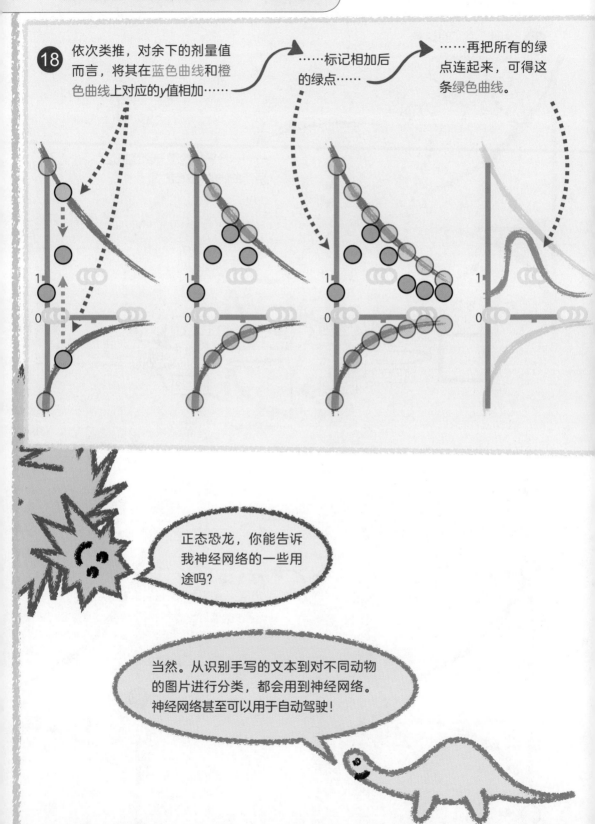

⑱ 依次类推，对余下的剂量值而言，将其在蓝色曲线和橙色曲线上对应的y值相加……

……标记相加后的绿点……

……再把所有的绿点连起来，可得这条绿色曲线。

正态恐龙，你能告诉我神经网络的一些用途吗？

当然。从识别手写的文本到对不同动物的图片进行分类，都会用到神经网络。神经网络甚至可以用于自动驾驶！

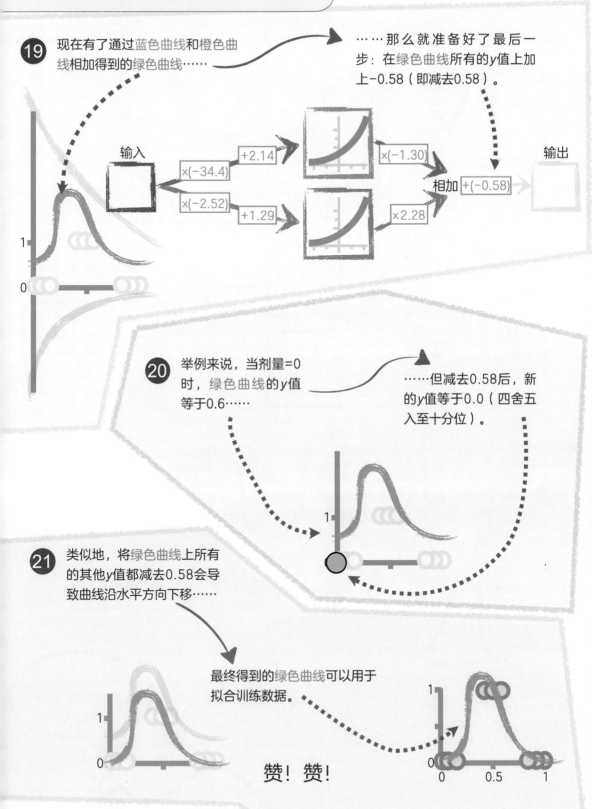

⑲ 现在有了通过蓝色曲线和橙色曲线相加得到的绿色曲线……

……那么就准备好了最后一步：在绿色曲线所有的 y 值上加上-0.58（即减去0.58）。

输入

x(-34.4) +2.14

x(-2.52) +1.29

x(-1.30)

x2.28

相加 +(-0.58)

输出

1

0

⑳ 举例来说，当剂量=0时，绿色曲线的 y 值等于0.6……

……但减去0.58后，新的 y 值等于0.0（四舍五入至十分位）。

1

㉑ 类似地，将绿色曲线上所有的其他 y 值都减去0.58会导致曲线沿水平方向下移……

最终得到的绿色曲线可以用于拟合训练数据。

1

0

赞！赞！

1

0

0   0.5   1

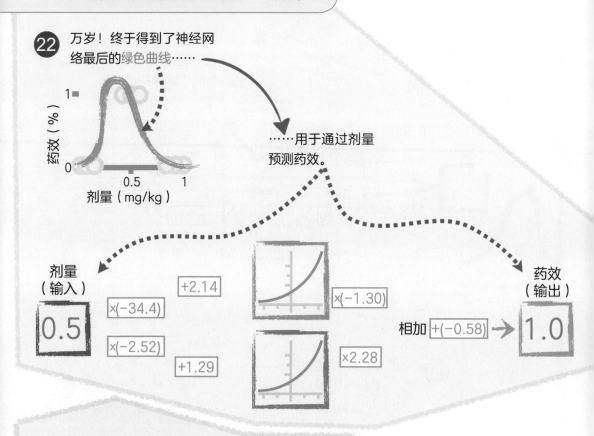

22 万岁！终于得到了神经网络最后的绿色曲线……

……用于通过剂量预测药效。

剂量（输入）

0.5

x(−34.4)

+2.14

x(−2.52)

+1.29

x(−1.30)

x2.28

相加 +(−0.58) →

药效（输出）

1.0

23 如果想要知道中等剂量（0.5）是否有效，那么只需观察图中的绿色曲线，可得神经网络中的输出值为1。这说明0.5的剂量是具有药效的。

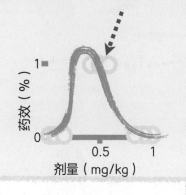

24 也可以把0.5的剂量代入神经网络进行计算，可得结果为1，说明0.5的剂量是具有药效的。

赞！赞！赞！

现在让我们学习神经网络是如何拟合数据的。

神经网络

第二部分：

神经网络的反向传播

1 问题：和线性回归一样，神经网络也需要优化参数。优化后的参数用于拟合数据。那么如何找到参数的最优值呢？

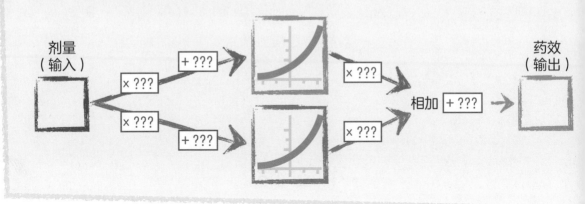

剂量（输入）　×???　+???　×???　相加 +???　药效（输出）　×???　+???　×???

2 一个解决方案：和线性回归一样，可以通过梯度下降法（或者随机梯度下降法）来找到最优值……

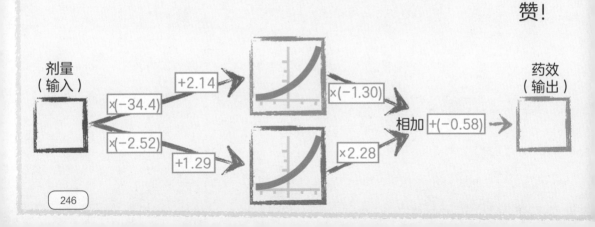

身高　体重　体重　体重

……但在神经网络中，我们不称其为梯度下降法。由于这种方法通过从后向前找到神经网络中每个参数的导数，因此它被称为反向传播（或误差逆传播，Backpropagation）算法。

赞！

剂量（输入）　x(−34.4)　+2.14　x(−1.30)　相加 +(−0.58)　药效（输出）　x(−2.52)　+1.29　x2.28

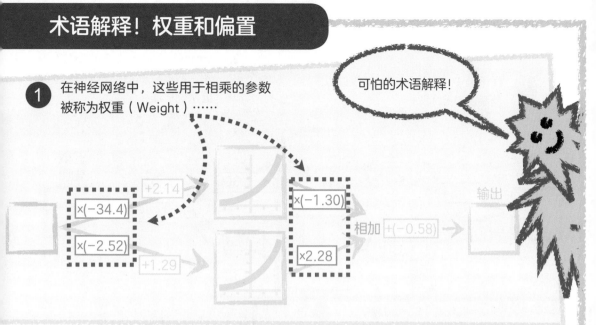

① 在神经网络中，这些用于相乘的参数被称为权重（Weight）……

可怕的术语解释！

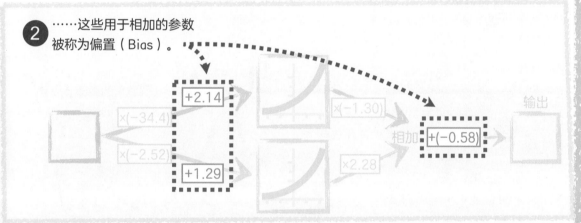

② ……这些用于相加的参数被称为偏置（Bias）。

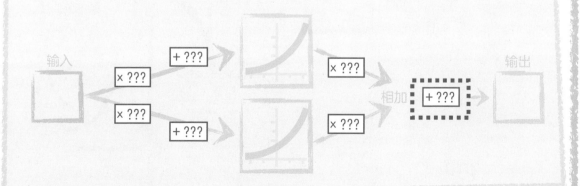

③ 在以下例子中，我们将展示通过反向传播算法来优化最终偏置（Final Bias）。当然，同样的过程和思想也适用于优化所有其他的参数。

1 在该例中，假设已知所有权重以及偏置的最优解……

……只有最终偏置的最优解未知。故此处的目标是通过反向传播来优化最终偏置。

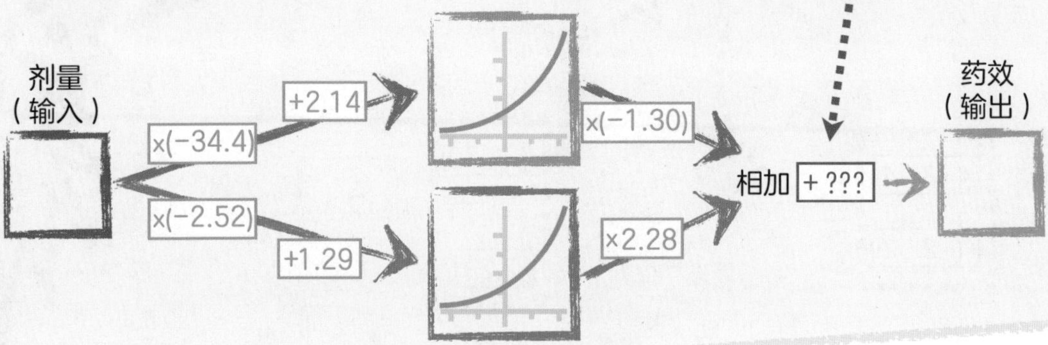

剂量
（输入）

x(−34.4)
+2.14

x(−2.52)
+1.29

x(−1.30)

×2.28

相加 + ???

药效
（输出）

注：为了简化运算，后面的训练数据仅包含3个剂量数值：0、0.5和1。

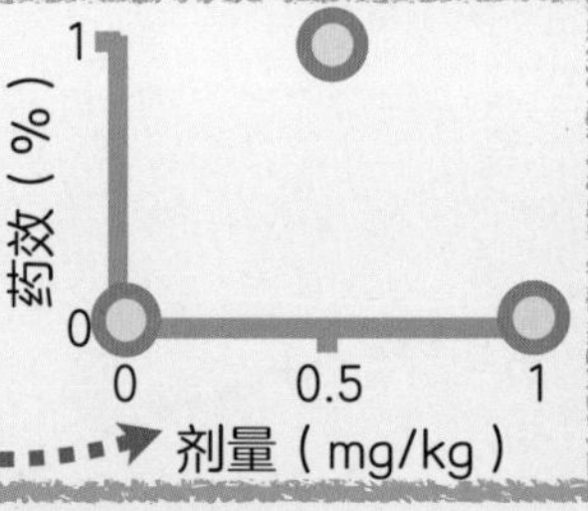

药效（%）

1

0

0   0.5   1
剂量（mg/kg）

2 回忆一下：当把剂量值代入输入层，隐含层的顶部节点会是这条蓝色曲线……

……隐含层的底部节点会是这条橙色曲线……

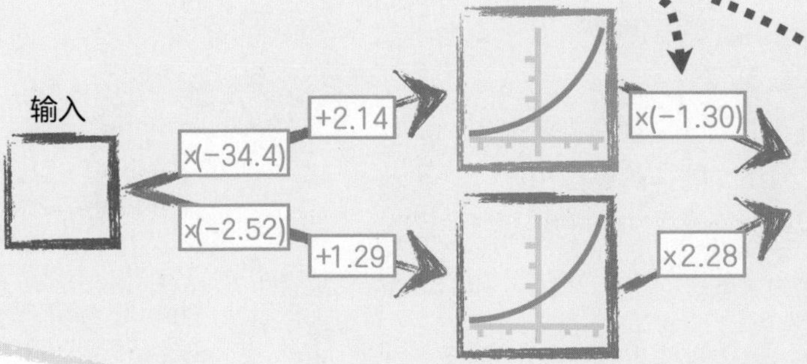

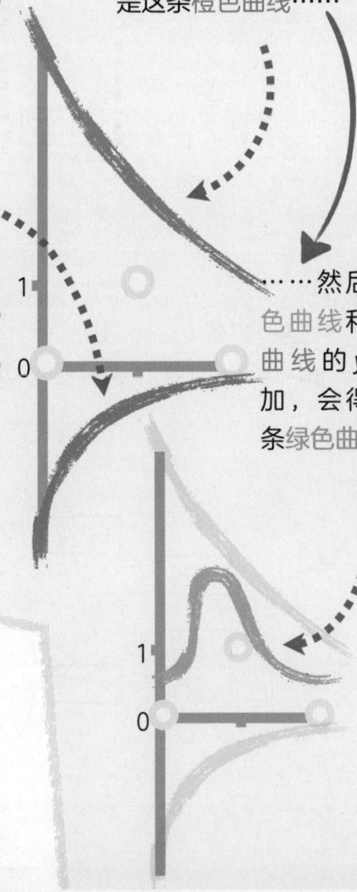

输入

x(−34.4)
+2.14

x(−2.52)
+1.29

x(−1.30)

×2.28

1

0

……然后把蓝色曲线和橙色曲线的 y 值相加，会得到这条绿色曲线。

1

0

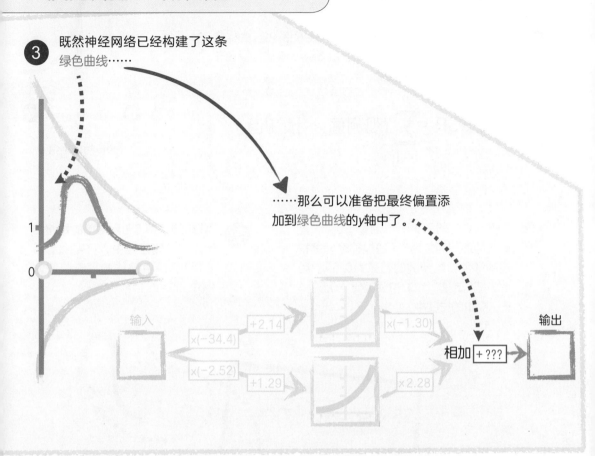

③ 既然神经网络已经构建了这条绿色曲线……

……那么可以准备把最终偏置添加到绿色曲线的y轴中了。

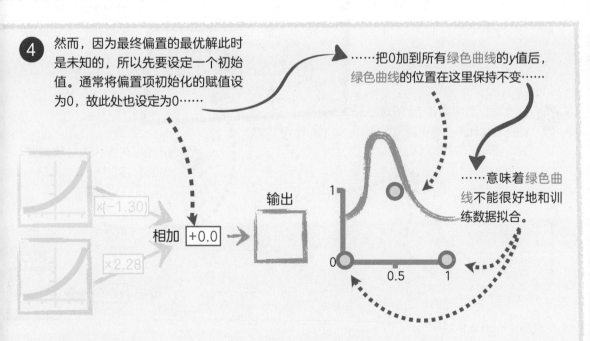

④ 然而，因为最终偏置的最优解此时是未知的，所以先要设定一个初始值。通常将偏置项初始化的赋值设为0，故此处也设定为0……

……把0加到所有绿色曲线的y值后，绿色曲线的位置在这里保持不变……

……意味着绿色曲线不能很好地和训练数据拟合。

5 和之前在线性回归以及回归树中使用R^2量化拟合程度一样，可以通过计算残差平方和（SSR）来量化绿色曲线和训练数据的拟合程度。

$$SSR = \sum_{i=1}^{n} (观测值_i - 预测值_i)^2$$

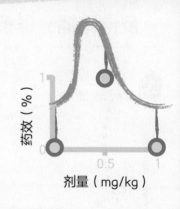

6 举例来说，对于第一个剂量（0），其对应的观测药效为0，通过神经网络构建的绿色曲线预测的药效为0.57。因此，把观测值（0）和预测值（0.57）代入SSR的方程中。

7 再把剂量为0.5时所对应的残差也代入SSR的方程中，可得观测药效为1，绿色曲线的预测药效为1.61。

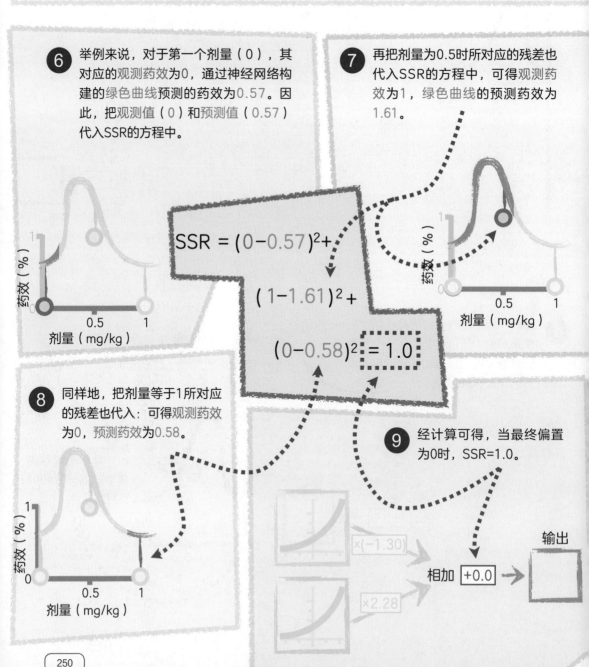

$$SSR = (0-0.57)^2 +$$
$$(1-1.61)^2 +$$
$$(0-0.58)^2 = 1.0$$

8 同样地，把剂量等于1所对应的残差也代入：可得观测药效为0，预测药效为0.58。

9 经计算可得，当最终偏置为0时，SSR=1.0。

x(−1.30)

相加 +0.0

x2.28

输出

⑩ 现在，以最终偏置为x轴，所对应的SSR为y轴绘制函数
图像，可以通过图像来比较不同的最终偏置下的SSR。

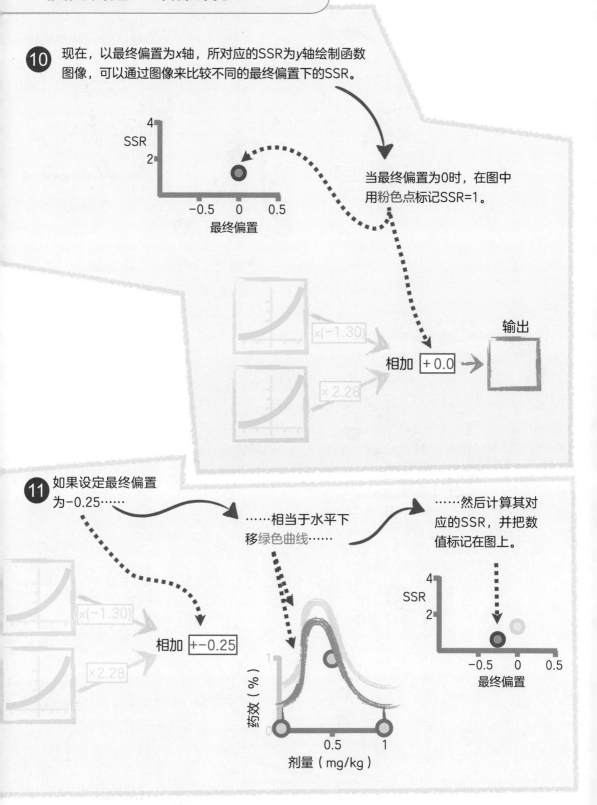

当最终偏置为0时，在图中
用粉色点标记SSR=1。

相加 $+0.0$

输出

⑪ 如果设定最终偏置
为−0.25……

……相当于水平下
移绿色曲线……

……然后计算其对
应的SSR，并把数
值标记在图上。

相加 $+-0.25$

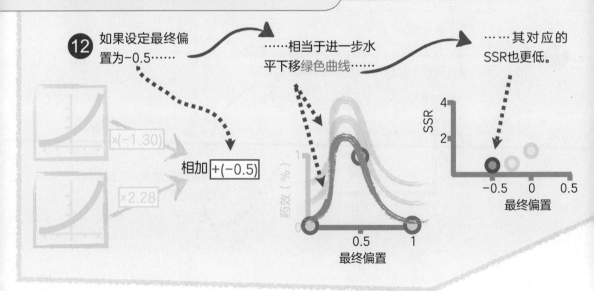

⑫ 如果设定最终偏置为-0.5……

……相当于进一步水平下移绿色曲线……

……其对应的SSR也更低。

x(-1.30)

×2.28

相加 +(-0.5)

⑬ 继续尝试数个最终偏置的数值后，发现当最终偏置接近-0.5时，SSR最低……

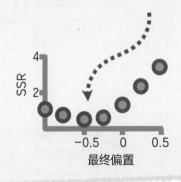

⑭ 与其随机代入数个数值，不如通过梯度下降法快速定位粉色曲线中的最低点，也就可以找到最小SSR所对应的最终偏置……

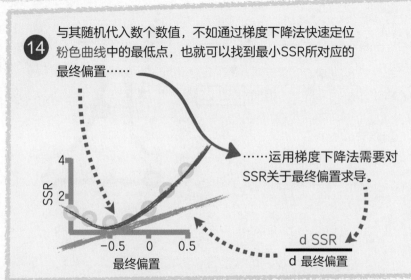

……运用梯度下降法需要对SSR关于最终偏置求导。

$$\frac{d\,SSR}{d\,最终偏置}$$

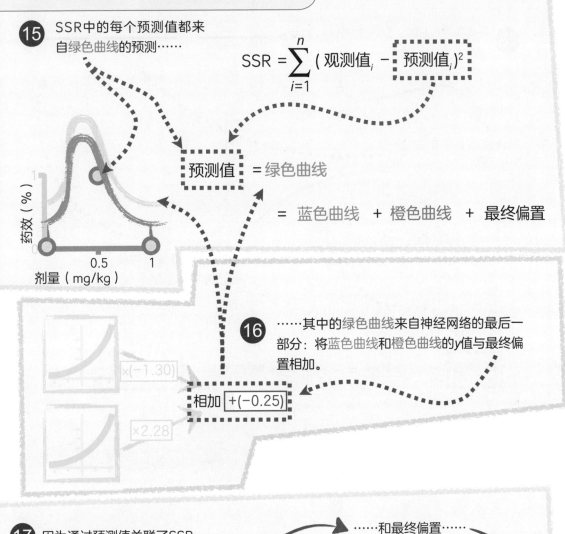

15 SSR中的每个预测值都来自绿色曲线的预测……

$$SSR = \sum_{i=1}^{n} (\,观测值_i - 预测值_i\,)^2$$

预测值 = 绿色曲线

= 蓝色曲线 + 橙色曲线 + 最终偏置

药效（%）

0.5   1
剂量（mg/kg）

x(−1.30)

×2.28

相加 +(−0.25)

16 ……其中的绿色曲线来自神经网络的最后一部分：将蓝色曲线和橙色曲线的y值与最终偏置相加。

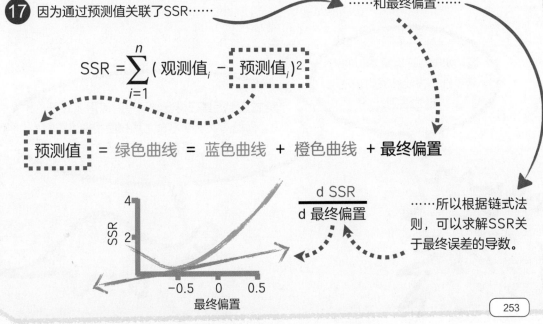

17 因为通过预测值关联了SSR……

……和最终偏置……

$$SSR = \sum_{i=1}^{n} (\,观测值_i - 预测值_i\,)^2$$

预测值 = 绿色曲线 = 蓝色曲线 + 橙色曲线 + **最终偏置**

$$\frac{d\ SSR}{d\ 最终偏置}$$

……所以根据链式法则，可以求解SSR关于最终误差的导数。

SSR

4

2

−0.5   0   0.5
最终偏置

18 根据链式法则，SSR关于最终偏置的导数是……

$$\frac{d\ SSR}{d\ 最终偏置} = \frac{d\ SSR}{d\ 预测值} \times \frac{d\ 预测值}{d\ 最终偏置}$$

将SSR关于预测值的导数……

$$SSR = \sum_{i=1}^{n} (观测值_i - 预测值_i)^2$$

乘以预测值关于最终偏置的导数。

$$预测值 = 绿色曲线 = 蓝色曲线 + 橙色曲线 + 最终偏置$$

赞!

呃! 如果你不理解本页的内容，那么需要参阅附录F的链式法则。

链式法则因其在机器学习中的应用随处可见，而值得大家学习，尤其在使用梯度下降法的场景中，都有可能涉及链式法则。

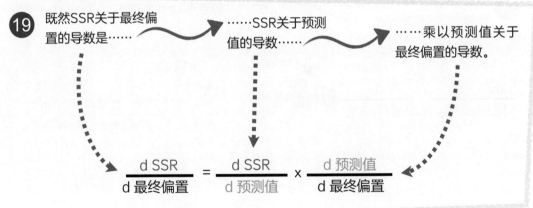

19 既然SSR关于最终偏置的导数是······ ······SSR关于预测值的导数······ ······乘以预测值关于最终偏置的导数。

$$\frac{d\,SSR}{d\,最终偏置} = \frac{d\,SSR}{d\,预测值} \times \frac{d\,预测值}{d\,最终偏置}$$

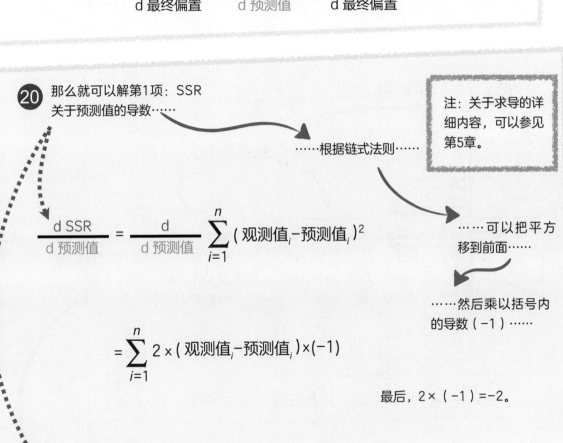

20 那么就可以解第1项：SSR关于预测值的导数······

······根据链式法则······

注：关于求导的详细内容，可以参见第5章。

$$\frac{d\,SSR}{d\,预测值} = \frac{d}{d\,预测值} \sum_{i=1}^{n} (\,观测值_i - 预测值_i\,)^2$$

······可以把平方移到前面······

······然后乘以括号内的导数（−1）······

$$= \sum_{i=1}^{n} 2 \times (\,观测值_i - 预测值_i\,) \times (-1)$$

最后，$2 \times (-1) = -2$。

$$\frac{d\,SSR}{d\,预测值} = \sum_{i=1}^{n} (-2) \times (\,观测值_i - 预测值_i\,)$$

解完第1项，就可以求解第2项了。

21 求解第2项：预测值关于最终偏置的导数是……

……绿色曲线关于最终偏置的导数……

$$\frac{d\ 预测值}{d\ 最终偏置} = \frac{d}{d\ 最终偏置}\ 绿色曲线$$

……继续拆解，也就是蓝色曲线、橙色曲线以及最终偏置的导数。

$$= \frac{d}{d\ 最终偏置}\ (\ 蓝色曲线 + 橙色曲线 + 最终偏置\ )$$

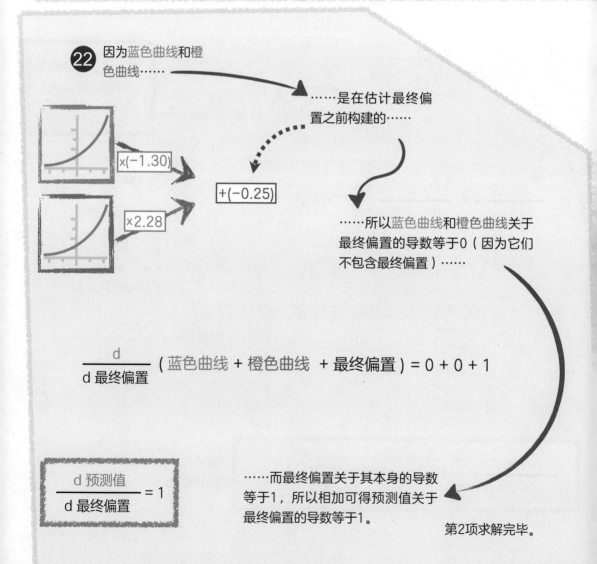

22 因为蓝色曲线和橙色曲线……

……是在估计最终偏置之前构建的……

x(−1.30)

+(−0.25)

×2.28

……所以蓝色曲线和橙色曲线关于最终偏置的导数等于0（因为它们不包含最终偏置）……

$$\frac{d}{d\ 最终偏置}\ (\ 蓝色曲线 + 橙色曲线 + 最终偏置\ ) = 0 + 0 + 1$$

$$\boxed{\frac{d\ 预测值}{d\ 最终偏置} = 1}$$

……而最终偏置关于其本身的导数等于1，所以相加可得预测值关于最终偏置的导数等于1。

第2项求解完毕。

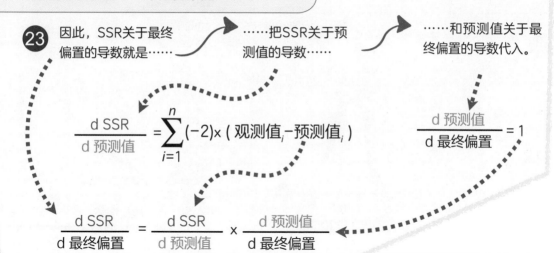

㉓ 因此，SSR关于最终偏置的导数就是…… ……把SSR关于预测值的导数…… ……和预测值关于最终偏置的导数代入。

$$\frac{d\,SSR}{d\,预测值} = \sum_{i=1}^{n}(-2) \times (观测值_i - 预测值_i)$$

$$\frac{d\,预测值}{d\,最终偏置} = 1$$

$$\frac{d\,SSR}{d\,最终偏置} = \frac{d\,SSR}{d\,预测值} \times \frac{d\,预测值}{d\,最终偏置}$$

$$\frac{d\,SSR}{d\,最终偏置} = \sum_{i=1}^{n}(-2) \times (观测值_i - 预测值_i) \times 1$$

㉔

最终可得SSR关于最终偏置的导数！

赞！赞！赞！

㉕ 下一节会把导数运用于梯度下降法中，以便求得最终偏置的最优解。

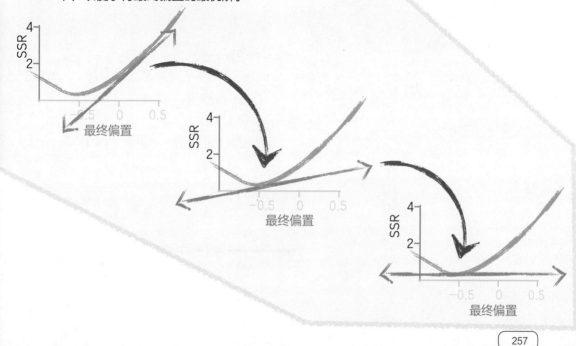

1 现已知SSR关于最终
偏置的导数……

……即知道了SSR会如何随着
最终偏置的变化而变化……

……故可以通过梯度下
降法优化最终偏置。

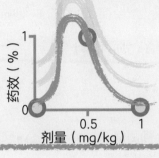

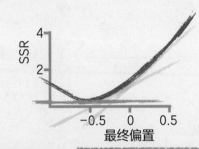

$$\frac{d\,SSR}{d\,最终偏置} = \sum_{i=1}^{n} (-2) \times (观测值_i - 预测值_i) \times 1$$

注：通过保留导数中的
常数项"1"来提醒该
项来自链式法则。但该
项没有任何实际意义，
可以选择忽略。

2 首先，把训练数据中的观测值代入SSR关
于最终偏置的导数中。

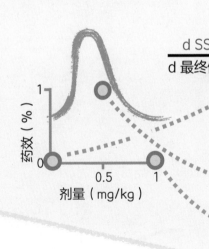

$$\frac{d\,SSR}{d\,最终偏置} = \sum_{i=1}^{n} (-2) \times (观测值_i - 预测值_i) \times 1$$

$$= (-2) \times (观测值_1 - 预测值_1) \times 1 +$$

$$(-2) \times (观测值_2 - 预测值_2) \times 1 +$$

$$(-2) \times (观测值_3 - 预测值_3) \times 1$$

$$\frac{d\,SSR}{d\,最终偏置} = (-2) \times (0 - 预测值_1) \times 1 +$$

$$(-2) \times (1 - 预测值_2) \times 1 +$$

$$(-2) \times (0 - 预测值_3) \times 1$$

3 然后，需要给最终偏置设定一个随机的初始化数值，此处设定为0.0。

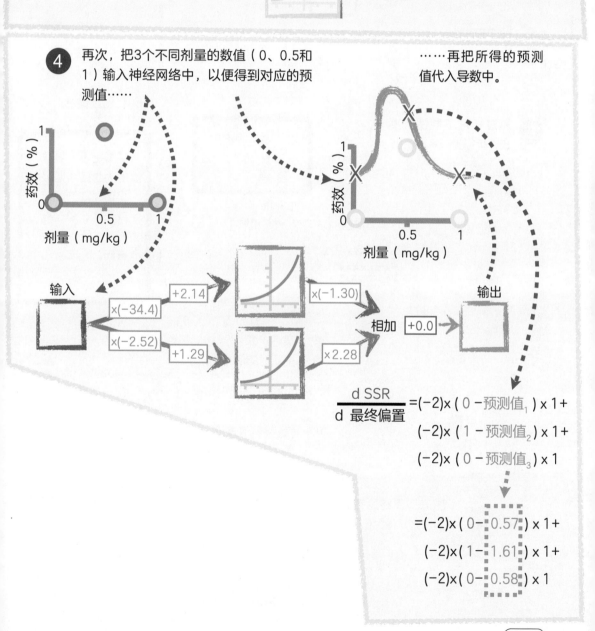

4 再次，把3个不同剂量的数值（0、0.5和1）输入神经网络中，以便得到对应的预测值……

……再把所得的预测值代入导数中。

$$\frac{d\,SSR}{d\ 最终偏置} = (-2) \times (\,0 - 预测值_1\,) \times 1 +$$
$$(-2) \times (\,1 - 预测值_2\,) \times 1 +$$
$$(-2) \times (\,0 - 预测值_3\,) \times 1$$

$$= (-2) \times (\,0 - 0.57\,) \times 1 +$$
$$(-2) \times (\,1 - 1.61\,) \times 1 +$$
$$(-2) \times (\,0 - 0.58\,) \times 1$$

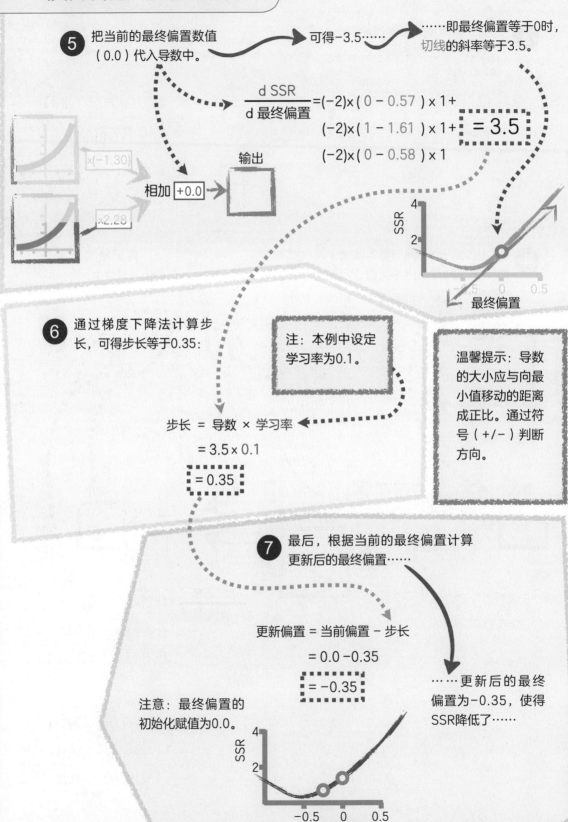

5 把当前的最终偏置数值（0.0）代入导数中。

可得-3.5…… ……即最终偏置等于0时，切线的斜率等于3.5。

$$\frac{d\,SSR}{d\,最终偏置} = (-2) \times (0 - 0.57) \times 1 +$$
$$(-2) \times (1 - 1.61) \times 1 + \boxed{= 3.5}$$
$$(-2) \times (0 - 0.58) \times 1$$

相加 [+0.0] → 输出

x(-1.30)

x2.28

6 通过梯度下降法计算步长，可得步长等于0.35：

注：本例中设定学习率为0.1。

温馨提示：导数的大小应与向最小值移动的距离成正比。通过符号（+/-）判断方向。

步长 = 导数 × 学习率
= 3.5 × 0.1
= 0.35

7 最后，根据当前的最终偏置计算更新后的最终偏置……

更新偏置 = 当前偏置 - 步长
= 0.0 - 0.35
= -0.35

……更新后的最终偏置为-0.35，使得SSR降低了……

注意：最终偏置的初始化赋值为0.0。

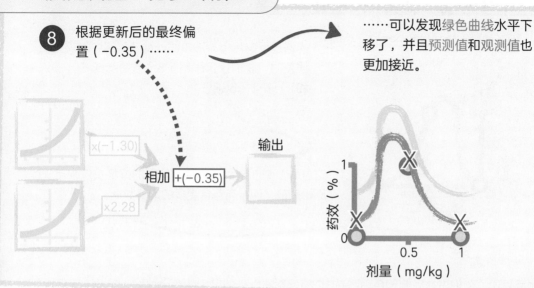

8 根据更新后的最终偏置（−0.35）……

……可以发现绿色曲线水平下移了，并且预测值和观测值也更加接近。

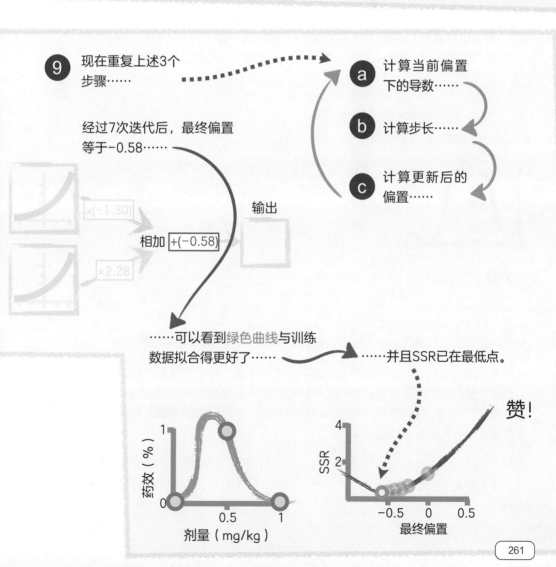

9 现在重复上述3个步骤……

a 计算当前偏置下的导数……

b 计算步长……

c 计算更新后的偏置……

经过7次迭代后，最终偏置等于−0.58……

……可以看到绿色曲线与训练数据拟合得更好了……

……并且SSR已在最低点。

赞！

绿色曲线中的凸起部分是怎么来的？

当通过反向传播算法来估计神经网络中的权重和误差时，我们仅仅采用了3个原始剂量（0、0.5和1）来计算SSR。

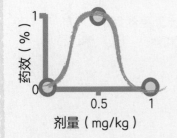

这意味着判断绿色曲线预测能力的好坏仅仅来自3个原始剂量，而没有包含更多的剂量数据。

也就是说，我们没有限制绿色曲线在3个原始剂量以外的区间的预测能力，导致它可能会产生这个奇怪的凸起，这可能会使预测结果更好，也可能会对预测造成干扰。这让我想到把神经网络算法应用到无人驾驶时的问题，算法可能与训练数据拟合得很好，但训练数据以外的点与点之间的情况是未知的，也就很难预测自动驾驶在新的情况下会发生什么。

是不是钟形曲线能够更好地拟合训练数据？

也许是，因为训练数据仅有3个点，所以很难说哪个模型会拟合得更好。

神经网络既灵活又酷炫，那为什么我们还要用灵活性差很多的逻辑回归呢？

神经网络是很酷炫，但决定其中需要使用多少隐含层，每个隐藏层中放置多少个节点，以及选择最佳的激活函数都有点像门艺术。相比之下，使用逻辑回归模型是一门科学，因为不涉及任何猜测。这种差异意味着逻辑回归有时比神经网络的预测更好，因为后者可能需要大量的调参才能有更好的表现。

此外，当使用很多变量进行预测时，对逻辑回归模型的解读会比对神经网络的解读容易很多，即很容易理解逻辑回归是如何进行预测的。相比之下，理解神经网络的预测逻辑要困难很多。

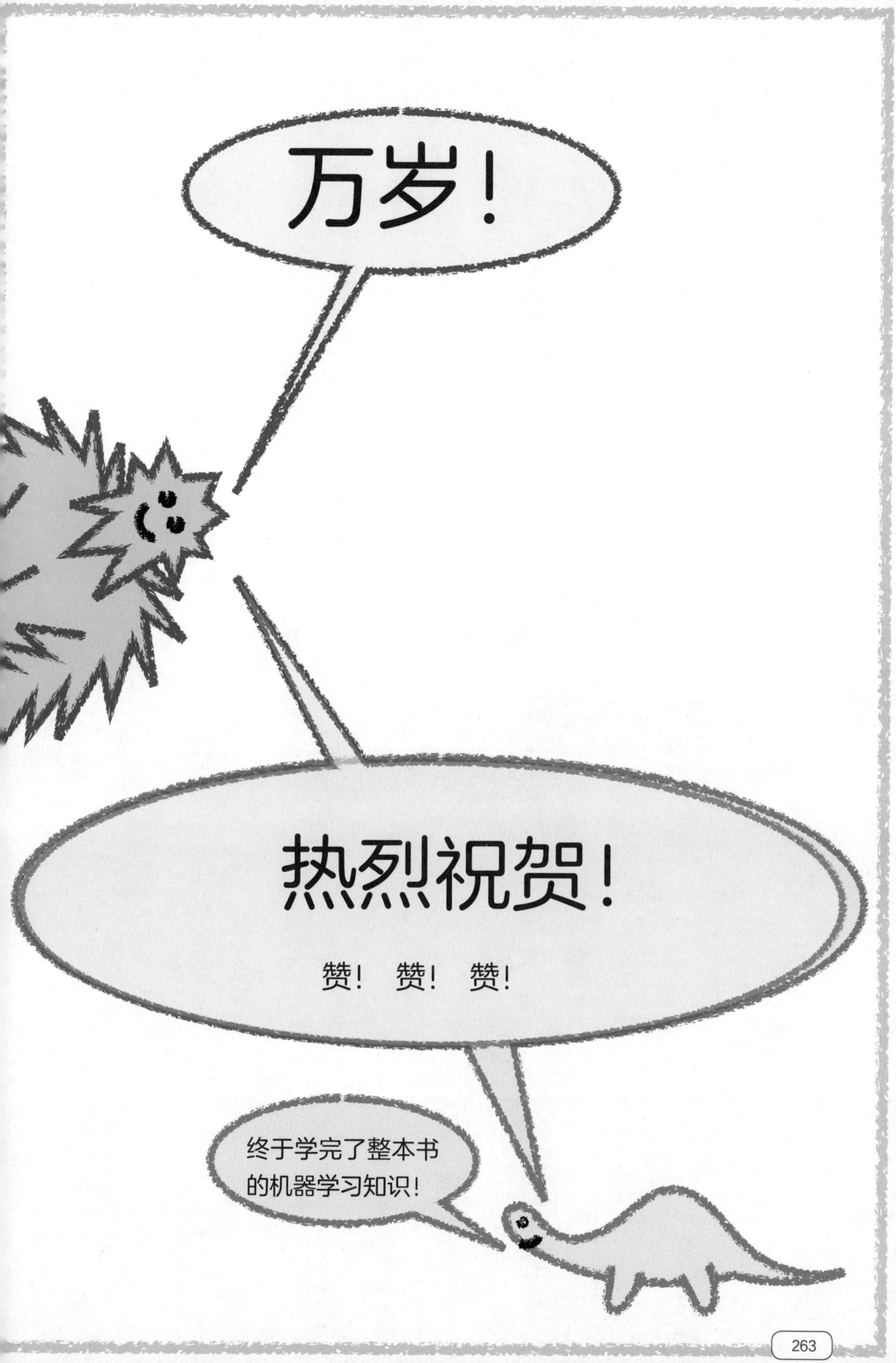
万岁！
热烈祝贺！
赞！ 赞！ 赞！
终于学完了整本书的机器学习知识！

附录

在课堂里学过但需要温习的知识

附录A 关于派的概率

1 在统计王国中，有70%的人喜欢南瓜派，另外30%的人喜欢蓝莓派。

南瓜派

蓝莓派

也就是说，10人中有7人喜欢南瓜派（7/10），另外3人喜欢蓝莓派（3/10）。

注：在本例中，随机询问第一个人对派的偏好不会影响到下一个人对派的偏好。在概率术语中，随机选取两位路人并分别询问派的偏好是两个事件，并且这两个事件是相互独立的。如果因为一些奇怪的缘由，第二个人对派的偏好被第一个人影响了，那么这两个事件是相互依赖的，并且对其概率的计算会和本节展示的内容完全不同。

2 如果随机询问路人更喜欢南瓜派还是蓝莓派，那么10人中可能会有7人表明自己更喜欢南瓜派……

7/10

3/10

……而剩余的3人表明自己更喜欢蓝莓派。

因此，连续两个人都喜欢南瓜派的概率是7/10×7/10=49/100=49%。

……随机询问第二个路人，仍然有7/10的概率表明其喜欢南瓜派。

3 随机询问第一个路人，有7/10的概率表明其喜欢南瓜派……

7/10

3/10

7/10

3/10

 →

$0.7 \times 0.7 = 0.49$

赞！

7/10

3/10

④ 现在需要询问第三个人更喜欢南瓜派还是蓝莓派。

具体来说，需要计算前两个人都喜欢南瓜派，而第三个人喜欢蓝莓派的概率。

⑤ 根据上一页的例子，连续碰到两个人都喜欢南瓜派的概率是49%（49/100）。

……第三个人喜欢蓝莓派的概率是3/10。

相乘可得概率：3/10×49/100=147/1000=14.7%。换句话说，当随机询问3个人对派的偏好时，会有14.7%的概率碰到前两个人都喜欢南瓜派，而第三个人喜欢蓝莓派。

在49%的概率之后……

7/10

7/10

7/10

3/10

3/10

7/10

3/10

0.7 × 0.7 = 0.49

3/10

0.7 × 0.7 × 0.3 = 0.147

赞！赞！

概率论是在16世纪为研究如何逢赌必赢而发明的。

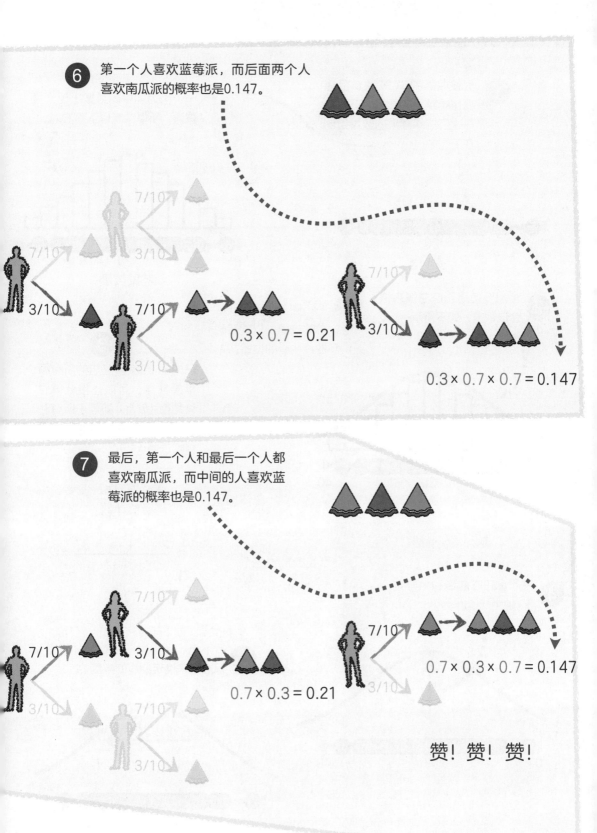

6 第一个人喜欢蓝莓派，而后面两个人喜欢南瓜派的概率也是0.147。

7/10

7/10   3/10

3/10   7/10 $0.3 \times 0.7 = 0.21$

3/10

7/10

3/10 $0.3 \times 0.7 \times 0.7 = 0.147$

7 最后，第一个人和最后一个人都喜欢南瓜派，而中间的人喜欢蓝莓派的概率也是0.147。

7/10

7/10   3/10

3/10   7/10 $0.7 \times 0.3 = 0.21$

7/10 $0.7 \times 0.3 \times 0.7 = 0.147$

3/10

3/10

赞！赞！赞！

附录B 均值、方差以及标准差

1 假设收集到5132家食品店在售绿苹果的数量。可以把每家门店绿苹果的数量绘制在下图中……

……因为图中的数据出现大量重叠，所以绘制以下直方图。

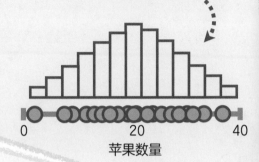

0　　　　20　　　　40

苹果数量

0　　　　20　　　　40

苹果数量

2 若需要使用正态曲线来拟合该数据，如下所示……

……则首先需要计算总体均值，以便知晓曲线中心的位置。

0　　　　20　　　　40

3 已知5132家食品店的所有绿苹果数量，可以直接计算总体均值（μ），即等于所有测量值的平均值。本例中的总体均值等于20。

$$总体均值 = \mu = \frac{测量值总和}{测量值计数}$$

$$= \frac{2 + 8 + \cdots + 37}{5132} = 20$$

4 因此，正态曲线的中心位于x轴坐标值20处。

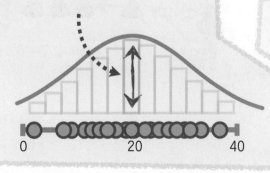

0　　　　20　　　　40

5 接下来，我们需要通过总体方差和标准差来确定曲线的幅度。

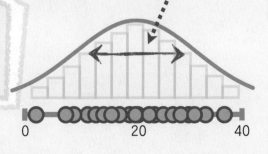

0　　　　20　　　　40

6 换句话说，需要计算数据在总体均值周围的分布幅度（本例中总体均值为20）。

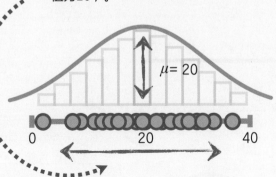

μ = 20

0   20   40

7 总体方差的公式如下：

$$总体方差 = \frac{\sum (x - \mu)^2}{n}$$

该公式看起来很复杂，让我们进行拆分讲解。

8 括号内的x−μ代表每个测量值x都减去总体均值μ。

$$总体方差 = \frac{\sum (x - \mu)^2}{n}$$

举个例子，若第一个测量值为2，则2减去μ，这里μ为20……

$$总体方差 = \frac{\sum (x - \mu)^2}{n}$$

……然后求每项的平方……

$$总体方差 = \frac{\sum (x - \mu)^2}{n}$$

……Σ为求和符号，即把所有项相加……

……最后，需要求平方差的平均值，即把平方差除以测量值的总计数，这里的总计数等于5132（即5132家食品店）。

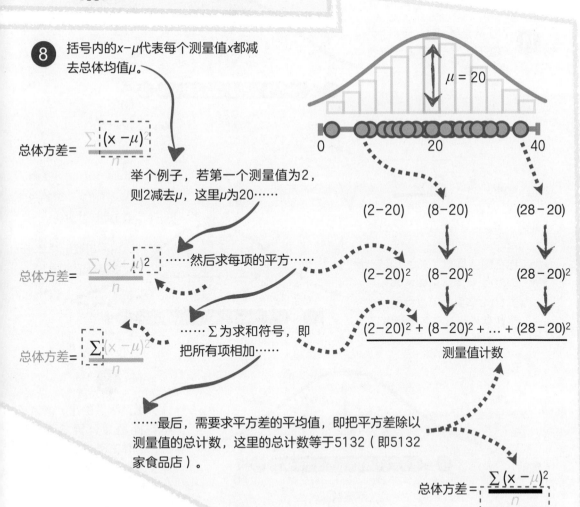

μ = 20

0   20   40

(2−20)   (8−20)   (28−20)

(2−20)²   (8−20)²   (28−20)²

$$\frac{(2-20)^2 + (8-20)^2 + ... + (28-20)^2}{测量值计数}$$

$$总体方差 = \frac{\sum (x - \mu)^2}{n}$$

9 计算总体方差…… 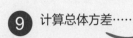 ……可得其值为100。

赞？不，还没到时候呢。

$$总体方差 = \frac{\sum (x - \mu)^2}{n} = \frac{(2-20)^2 + (8-20)^2 + \cdots + (28-20)^2}{5132} = 100$$

10 由于总体方差中的每项都经过了平方运算……

……故这里100的单位是苹果数量的平方……

……这意味着无法将总体方差绘制在之前的直方图上，因为直方图上x轴的单位没有经过平方运算。

11 为了解决该问题，可对总体方差开平方，即总体标准差……

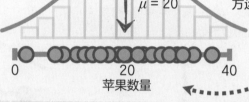

$\mu = 20$

0　　　20　　　40
苹果数量

$$总体标准差 = \sqrt{\frac{\sum (x - \mu)^2}{n}} = \sqrt{总体方差} = \sqrt{100} = 10$$

……之前的总体方差是100，可得总体标准差为10……

12 现在图上展示了总体均值为20个苹果，总体标准差±10个苹果。可以根据这些数值构建用于拟合数据的正态曲线。

……可以把总体标准差标记在图上。

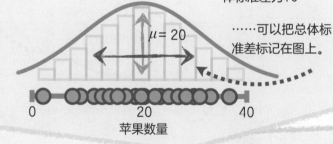

$\mu = 20$

0　　　20　　　40
苹果数量

赞！

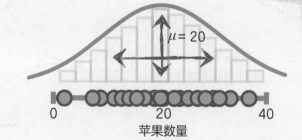

$\mu = 20$

0　　　20　　　40
苹果数量

13

注：需要强调的是，通常不可能直接计算总体均值、总体方差或总体标准差。下一页我们会学习替代的方法。

14 由于通常不可能直接知晓总体参数，一般会通过收集少量数据来估计总体参数。

苹果数量

15 对总体均值的估计是相对简单的：计算收集到的数据的平均值即可……

$$估计均值 = \frac{测量值总和}{测量值计数}$$

$$= \frac{3 + 13 + 19 + 24 + 29}{5} = 17.6$$

经计算，可得17.6。

16 注：估计均值（$\bar{x}$）也被称为样本均值……

……由于仅通过少量数据来计算估计均值，其结果不等于总体均值 μ。

很多统计量都致力于量化总体参数（如均值和方差）与其估计值之间的差异。

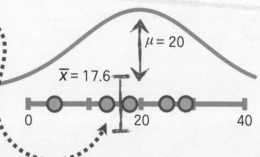

$\mu = 20$

$\bar{x} = 17.6$

17 然而，我们必须承认以下事实：由于通常仅能得到估计均值，其结果基本不会等于总体均值。

18 通过估计均值，可以计算估计方差和估计标准差……

通过除以 $n-1$ 而不是 n 来抵消总体均值与估计均值之间的数值差异。

$$估计方差 = \frac{\sum(x - \bar{x})^2}{n-1}$$

$$总体标准差 = \sqrt{\frac{\sum(x - \bar{x})^2}{n-1}}$$

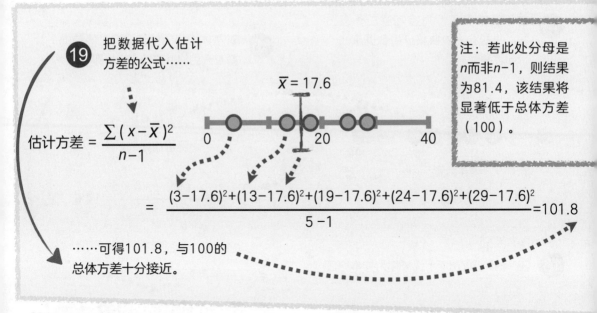

(19) 把数据代入估计方差的公式……

注：若此处分母是n而非$n-1$，则结果为81.4，该结果将显著低于总体方差（100）。

$\overline{x} = 17.6$

$$\text{估计方差} = \frac{\sum (x - \overline{x})^2}{n-1}$$

$$= \frac{(3-17.6)^2+(13-17.6)^2+(19-17.6)^2+(24-17.6)^2+(29-17.6)^2}{5-1} = 101.8$$

……可得101.8，与100的总体方差十分接近。

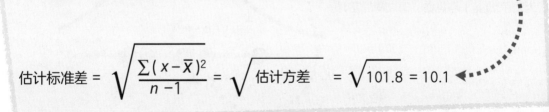

(20) 最后，估计标准差是估计方差的平方根……

……代入可得估计标准差等于10.1，这与先前计算的总体标准差十分接近。

$$\text{估计标准差} = \sqrt{\frac{\sum (x-\overline{x})^2}{n-1}} = \sqrt{\text{估计方差}} = \sqrt{101.8} = 10.1$$

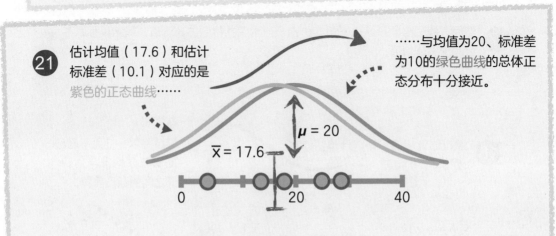

(21) 估计均值（17.6）和估计标准差（10.1）对应的是紫色的正态曲线……

……与均值为20、标准差为10的绿色曲线的总体正态分布十分接近。

$\mu = 20$

$\overline{x} = 17.6$

赞！赞！赞！

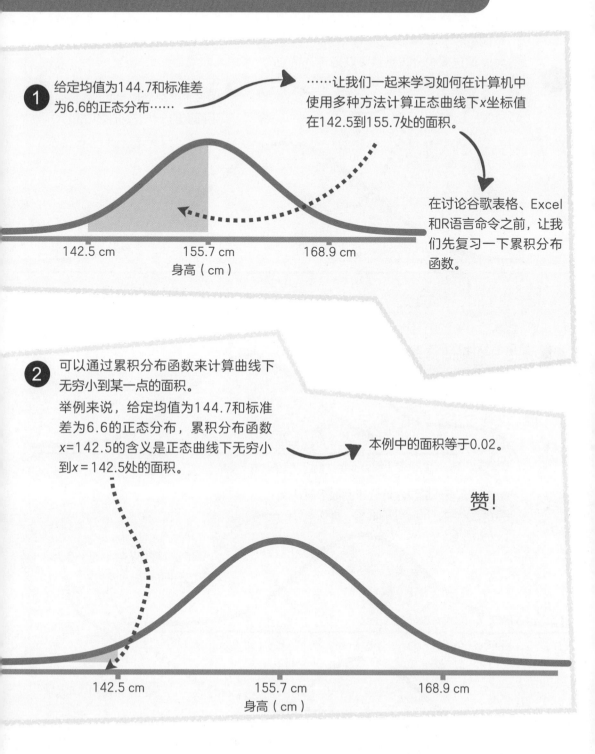

1 给定均值为144.7和标准差为6.6的正态分布……

……让我们一起来学习如何在计算机中使用多种方法计算正态曲线下x坐标值在142.5到155.7处的面积。

在讨论谷歌表格、Excel和R语言命令之前,让我们先复习一下累积分布函数。

142.5 cm　　155.7 cm　　168.9 cm

身高(cm)

2 可以通过累积分布函数来计算曲线下无穷小到某一点的面积。

举例来说,给定均值为144.7和标准差为6.6的正态分布,累积分布函数x=142.5的含义是正态曲线下无穷小到x=142.5处的面积。

本例中的面积等于0.02。

赞!

142.5 cm　　155.7 cm　　168.9 cm

身高(cm)

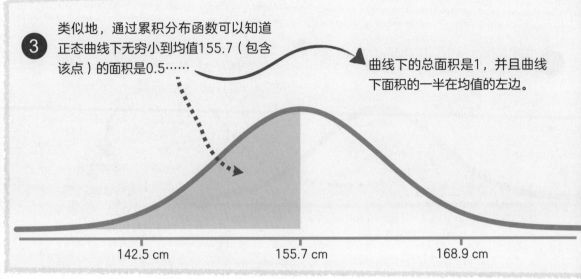

③ 类似地，通过累积分布函数可以知道正态曲线下无穷小到均值155.7（包含该点）的面积是0.5……

曲线下的总面积是1，并且曲线下面积的一半在均值的左边。

142.5 cm　　　155.7 cm　　　168.9 cm

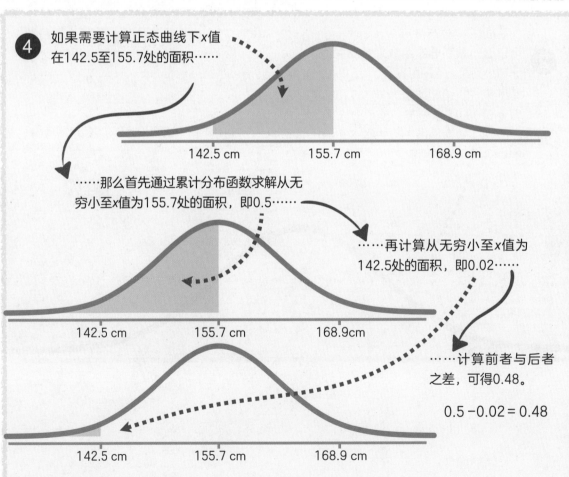

④ 如果需要计算正态曲线下x值在142.5至155.7处的面积……

142.5 cm　　　155.7 cm　　　168.9 cm

……那么首先通过累计分布函数求解从无穷小至x值为155.7处的面积，即0.5……

……再计算从无穷小至x值为142.5处的面积，即0.02……

142.5 cm　　　155.7 cm　　　168.9cm

……计算前者与后者之差，可得0.48。

$$0.5 - 0.02 = 0.48$$

142.5 cm　　　155.7 cm　　　168.9 cm

5 若想通过谷歌表格或Excel计算概率，则使用其中的NORMDIST()函数。

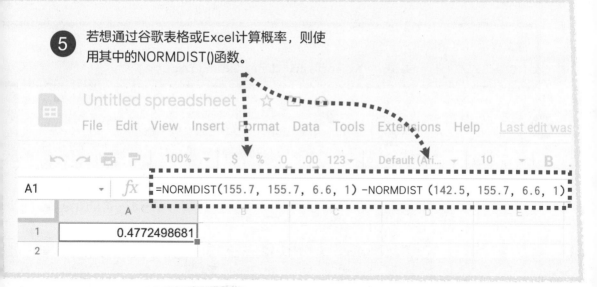

A1 =NORMDIST(155.7, 155.7, 6.6, 1) –NORMDIST (142.5, 155.7, 6.6, 1)

	A
1	0.4772498681
2	

6 NORMDIST()函数带有4个参数：

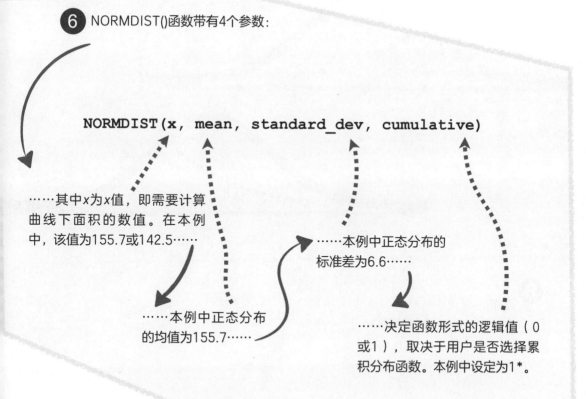

$$NORMDIST(x, mean, standard\_dev, cumulative)$$

……其中x为x值，即需要计算曲线下面积的数值。在本例中，该值为155.7或142.5……

……本例中正态分布的均值为155.7……

……本例中正态分布的标准差为6.6……

……决定函数形式的逻辑值（0或1），取决于用户是否选择累积分布函数。本例中设定为1*。

*译者注：若设该值为0，则选取概率密度函数。

275

温馨提示: NORMDIST()函数的4个参数:

`NORMDIST(x, mean, standard_dev, cumulative)`

⑦ 现在可以通过NORMDIST()函数来计算曲线下x值为142.5至155.7的面积……

……先通过NORMDIST()函数计算曲线下无穷小至x值为142.5处的面积……

……再通过NORMDIST()函数计算曲线下无穷小至x值为155.7处的面积,两者相减,可得0.48。

`NORMDIST( 155.7, 155.7, 6.6, 1)-`

`NORMDIST( 142.5, 155.7, 6.6, 1) = 0.48`

赞! 赞!

142.5cm　　155.7cm　　168.9cm

142.5cm　　155.7cm　　168.9cm

⑧ 在R语言中,可以通过PNORM()函数得到相同结果。与NORMDIST()不同的是,PNORM()函数不需要指定是否使用累积分布函数。

赞! 赞! 赞!

`PNORM(155.7, mean=155.7, sd=6.6)-`

`PNORM(142.5, mean=155.7, sd=6.6) = 0.48`

1 假设收集到3个人的考试分数和其对应的学习时间……

纵轴：考试分数
横轴：学习时间

2 ……并且通过直线来拟合数据。

纵轴：考试分数
横轴：学习时间

3 一种理解两个变量之间关系的方法是通过观察当学习时间变化时，对应的考试分数的变化。

在本例中可以发现，当时间增加1个单位时，考试分数增加2个单位。

即每多花1个单位的时间用于复习，分数便会上升2个单位。

纵轴：考试分数
横轴：学习时间
2
1

4 注：上述两个变量之间的变化关系也适用于多花0.5个单位时间用于复习的情况。

即每多花0.5个单位的时间用于复习，考试分数就会上升2×0.5=1个单位。

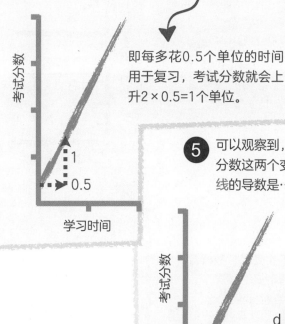

纵轴：考试分数
横轴：学习时间
1
0.5

5 可以观察到，无论学习时间是长还是短，学习时间与考试分数这两个变量之间的变化关系不会受其影响。因此，直线的导数是……

……分数的变化（d分数）与时间的变化（d时间）之比，本例中直线的导数等于2。

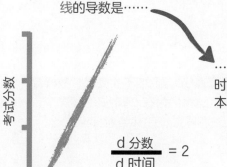

纵轴：考试分数
横轴：学习时间

$$\frac{d\,分数}{d\,时间} = 2$$

让我们继续探讨直线与导数的关系。

6 以下是直线方程。 其斜率为2……

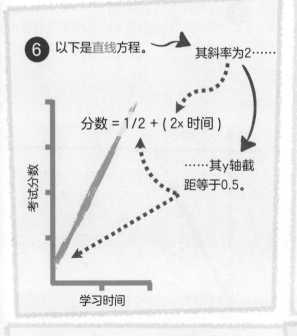

分数 = 1/2 + (2× 时间)

……其y轴截距等于0.5。

考试分数

学习时间

7 可以看到斜率和导数相等，都为2。

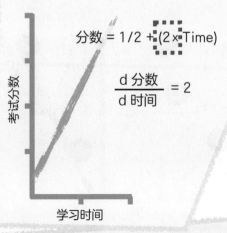

分数 = 1/2 + (2 × Time)

$$\frac{d \, 分数}{d \, 时间} = 2$$

考试分数

学习时间

8 接下来让我们举一个关于吃饭的例子。假设这条直线的斜率为3，那么无论吃饭的时间有多短，饱腹感一直都是吃饭时间的3倍。

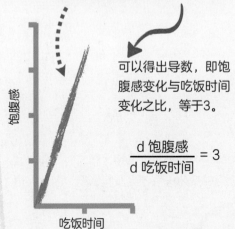

可以得出导数，即饱腹感变化与吃饭时间变化之比，等于3。

$$\frac{d \, 饱腹感}{d \, 吃饭时间} = 3$$

饱腹感

吃饭时间

9 若斜率为0，则无论x值是多少，y值都不会变……

……因此导数（即y值的变化与x值的变化之比）等于0。

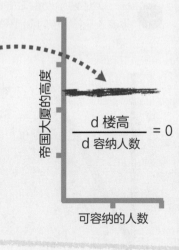

$$\frac{d \, 楼高}{d \, 容纳人数} = 0$$

帝国大厦的高度

可容纳的人数

10 若为垂直直线，则x值不会变化，故导数不存在。这是因为在x值不变的情况下，我们无法测量到y值变化与x值变化之比。

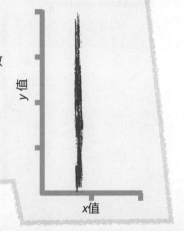

y值

x值

11 当对象为曲线时……

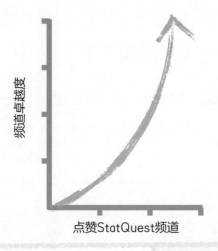

频道卓越度

点赞StatQuest频道

术语解释！

切线指的是一条刚好触碰到曲线上某一点的直线。

12 ……导数是曲线在某一点处切线的斜率。

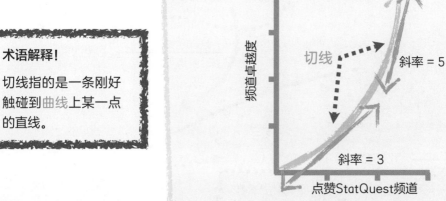

频道卓越度

切线

斜率 = 5

斜率 = 3

点赞StatQuest频道

13 然而，计算曲线的导数要比计算直线的导数复杂。

频道卓越度

点赞StatQuest频道

好消息是在99%的情况下，在机器学习中可以通过多项式求导公式（见附录E）和链式法则（见附录F）计算导数。

赞！

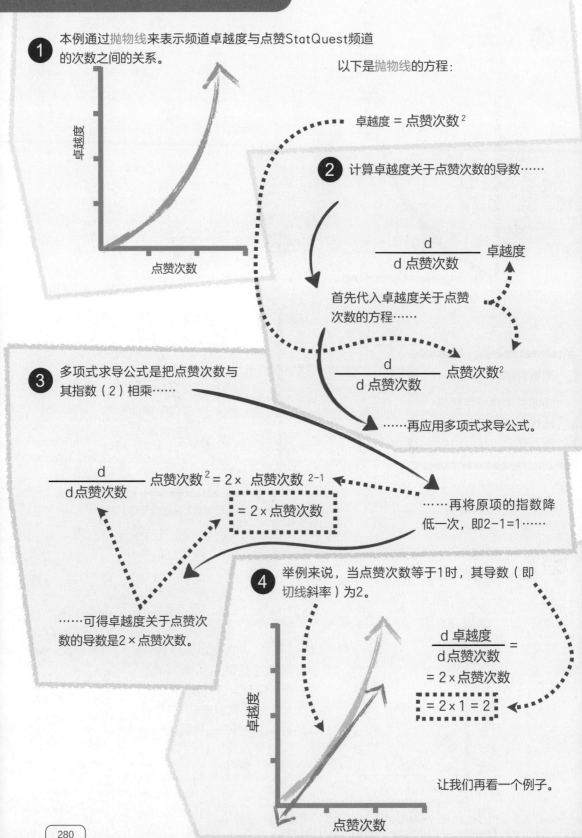

① 本例通过抛物线来表示频道卓越度与点赞StatQuest频道的次数之间的关系。

以下是抛物线的方程:

卓越度 = 点赞次数^2

② 计算卓越度关于点赞次数的导数……

$$\frac{d}{d\,点赞次数}\,卓越度$$

首先代入卓越度关于点赞次数的方程……

$$\frac{d}{d\,点赞次数}\,点赞次数^2$$

……再应用多项式求导公式。

③ 多项式求导公式是把点赞次数与其指数（2）相乘……

$$\frac{d}{d\,点赞次数}\,点赞次数^2 = 2 \times 点赞次数^{2-1}$$

$$= 2 \times 点赞次数$$

……再将原项的指数降低一次，即2-1=1……

……可得卓越度关于点赞次数的导数是2 × 点赞次数。

④ 举例来说，当点赞次数等于1时，其导数（即切线斜率）为2。

$$\frac{d\,卓越度}{d\,点赞次数} =$$

$$= 2 \times 点赞次数$$

$$= 2 \times 1 = 2$$

让我们再看一个例子。

5 设想有一个函数图像，该函数表示幸福度与美食指数的关系……

……以下是该函数的方程：

幸福度＝1＋美食指数^3

幸福度

美食指数

好吃！

新鲜出炉的薯条，好吃！

隔夜油腻的冷薯条，呃！

6 幸福度关于美食指数的导数等于……

$$\frac{d\ 幸福度}{d\ 美食指数} = \frac{d}{d\ 美食指数}幸福度$$

……代入幸福度关于美食指数的方程……

$$\frac{d}{d\ 美食指数}(1+美食指数^3)$$

……再对各项求导。

$$\frac{d}{d\ 美食指数}(1+美食指数^3) = \frac{d}{d\ 美食指数}1 + \frac{d}{d\ 美食指数}美食指数^3$$

7 无论美食指数如何变化，常数1都不会变，故其对美食指数的导数等于0。

$$\frac{d}{d\ 美食指数}1 = 0$$

根据多项式求导公式，美食指数与其指数（3）相乘……

……再将原项的指数降低一次，即3−1=2。

$$\frac{d}{d\ 美食指数}美食指数^3 = 3 \times 美食指数^{3-1} = 3 \times 美食指数^2$$

8 化简并计算，可得其导数为：

$$\frac{d}{d\ 美食指数}幸福度 = 0 + 3 \times 美食指数^2 = 3 \times 美食指数^2$$

幸福度

9 举例来说，当美食指数等于−1时，其导数（即切线斜率）为3。

$$\frac{d}{d\ 美食指数} = 3 \times 美食指数^2$$

$$= 3 \times (-1)^2 = 3$$

美食指数

附录F 链式法则

1 假设我们有3个人的体重和身高数据……

2 ……并用这些数据构建拟合线。

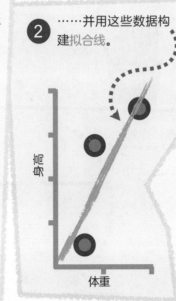

3 如果有其他人提供了体重数据……

……那么可以通过绿色的拟合线来预测其身高。

4 再假设有这3个人的身高和鞋码数据……

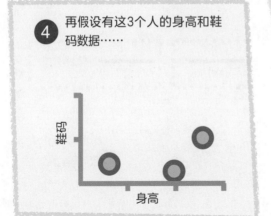

5 ……则可以通过橙色的拟合线来预测其鞋码。

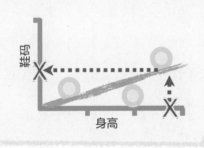

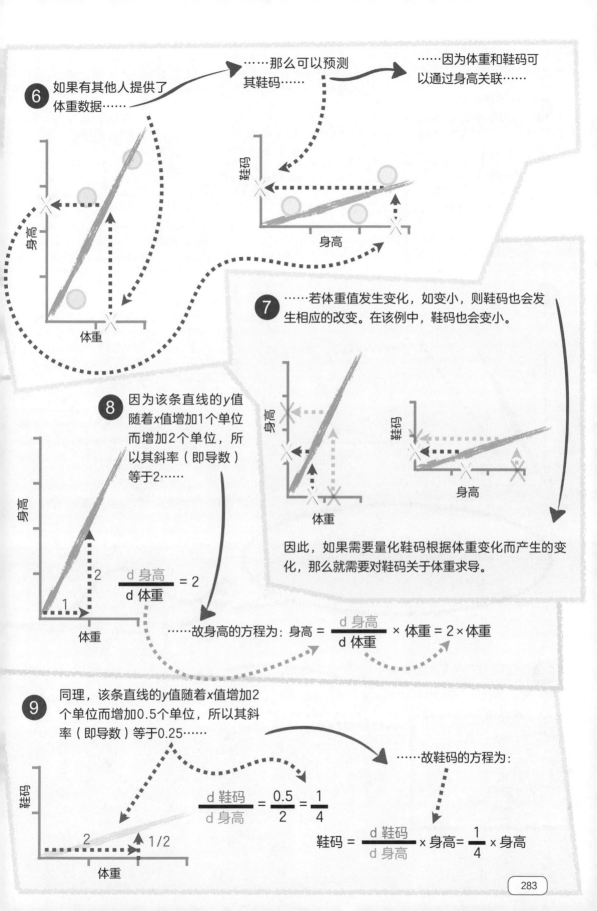

⑥ 如果有其他人提供了
体重数据……

……那么可以预测
其鞋码……

……因为体重和鞋码可
以通过身高关联……

⑦ ……若体重值发生变化，如变小，则鞋码也会发
生相应的改变。在该例中，鞋码也会变小。

因此，如果需要量化鞋码根据体重变化而产生的变
化，那么就需要对鞋码关于体重求导。

⑧ 因为该条直线的y值
随着x值增加1个单位
而增加2个单位，所
以其斜率（即导数）
等于2……

$$\frac{d\ 身高}{d\ 体重} = 2$$

……故身高的方程为：身高 = $\frac{d\ 身高}{d\ 体重}$ × 体重 = 2×体重

⑨ 同理，该条直线的y值随着x值增加2
个单位而增加0.5个单位，所以其斜
率（即导数）等于0.25……

……故鞋码的方程为：

$$\frac{d\ 鞋码}{d\ 身高} = \frac{0.5}{2} = \frac{1}{4}$$

鞋码 = $\frac{d\ 鞋码}{d\ 身高}$ × 身高 = $\frac{1}{4}$ × 身高

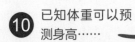 **10** 已知体重可以预测身高……

……已知身高可以预测鞋码……

……可以把身高的方程代入鞋码的方程。

$$身高 = \frac{d\,身高}{d\,体重} \times 体重$$

$$鞋码 = \frac{d\,鞋码}{d\,身高} \times 身高$$

$$鞋码 = \frac{d\,鞋码}{d\,身高} \times \frac{d\,身高}{d\,体重} \times 体重$$

11 若需要确定鞋码根据体重变化而产生的变化量……

……则等于对鞋码关于体重求导……

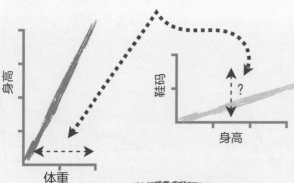

$$\frac{d\,鞋码}{d\,体重} = \frac{d\,鞋码}{d\,身高} \times \frac{d\,身高}{d\,体重}$$

……通过链式法则，求导过程等于鞋码关于身高的导数与身高关于体重的导数相乘。换句话说，当体重发生改变时，将体重与等式右边的两个导数相乘，即得到新的鞋码。

两个方程可以通过一个中间变量进行关联。故在本例中，复合函数的导数等于两个导数之积。

12 最后把数值代入导数中……

……可见，随着体重增加1个单位，鞋码增加0.5个单位。

温馨提示：

$$\frac{d\,身高}{d\,体重} = 2$$

$$\frac{d\,鞋码}{d\,身高} = \frac{1}{4}$$

$$\frac{d\,鞋码}{d\,体重} = \frac{d\,鞋码}{d\,身高} \times \frac{d\,身高}{d\,体重}$$

$$= \frac{1}{4} \times 2 = \frac{1}{2}$$

赞！

1 假设我们能够测量一群人的饥饿感数据，以及他们在多久前吃过零食。

可以使用截距为0.5的抛物线来拟合数据，以符合饥饿感的增长率。

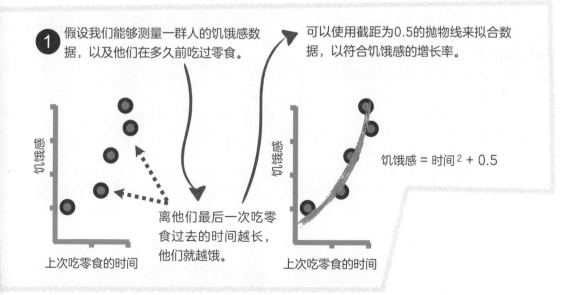

离他们最后一次吃零食过去的时间越长，他们就越饿。

饥饿感 = 时间^2 + 0.5

2 类似地，可以用平方根函数来拟合如下数据：饥饿感和想吃冰淇淋的程度之间的关联。

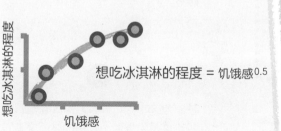

想吃冰淇淋的程度 = 饥饿感$^{0.5}$

3 现在想要知道在上次吃零食的时间发生变化的情况下，想吃冰淇淋的程度会如何变化。

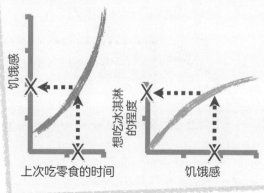

4 然而，当把饥饿感的方程代入想吃冰淇淋的程度的方程……

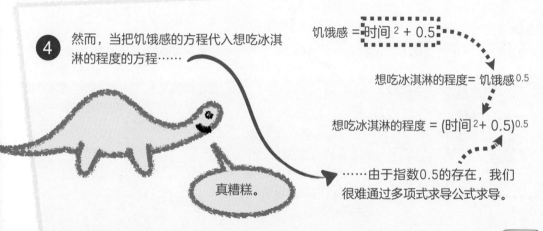

饥饿感 = 时间^2 + 0.5

想吃冰淇淋的程度 = 饥饿感$^{0.5}$

想吃冰淇淋的程度 = (时间^2+ 0.5)$^{0.5}$

……由于指数0.5的存在，我们很难通过多项式求导公式求导。

真糟糕。

5 因为以下两个变量：上次吃零食的时间和想吃冰淇淋的程度，可以通过中间变量饥饿感进行关联，所以可以使用链式法则求导。

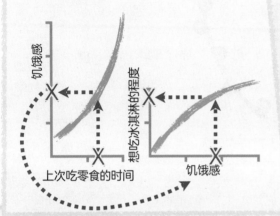

6 根据链式法则，想吃冰淇淋的程度关于时间的导数……

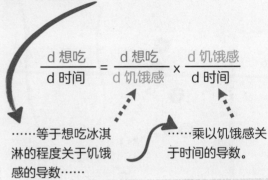

……等于想吃冰淇淋的程度关于饥饿感的导数……

……乘以饥饿感关于时间的导数。

7 首先根据多项式求导公式，饥饿感关于时间的导数如下：

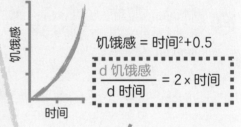

$$\text{饥饿感} = \text{时间}^2 + 0.5$$

$$\frac{d \text{ 饥饿感}}{d \text{ 时间}} = 2 \times \text{时间}$$

8 同理，想吃冰淇淋的程度关于饥饿感的导数如下：

想吃冰淇淋的程度 = 饥饿感$^{0.5}$

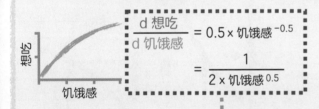

$$\frac{d \text{ 想吃}}{d \text{ 饥饿感}} = 0.5 \times \text{饥饿感}^{-0.5}$$

$$= \frac{1}{2 \times \text{饥饿感}^{0.5}}$$

9 把上述两个导数代入链式法则的公式……

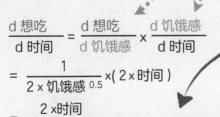

$$\frac{d \text{ 想吃}}{d \text{ 时间}} = \frac{d \text{ 想吃}}{d \text{ 饥饿感}} \times \frac{d \text{ 饥饿感}}{d \text{ 时间}}$$

$$= \frac{1}{2 \times \text{饥饿感}^{0.5}} \times (2 \times \text{时间})$$

$$= \frac{2 \times \text{时间}}{2 \times \text{饥饿感}^{0.5}}$$

$$\frac{d \text{ 想吃}}{d \text{ 时间}} = \frac{\text{时间}}{\text{饥饿感}^{0.5}}$$

……可以看到，当上次吃零食的时间发生变化时，想吃冰淇淋的变化程度等于时间除以饥饿感的平方根。

10

注：在本例中，可以很明显地看到饥饿感是另外两个变量的中间变量，这也是本例可以直接使用链式法则的原因。

但等式通常会以下述形式出现：

想吃冰淇淋的程度 = (时间^2 + 0.5)$^{0.5}$

在这种情况下，链式法则的应用方式就不十分明显了。我们会在下一页讨论如何解决该问题。

赞！

1 上一部分的最后，我们提出了若等式中出现平方根，则多项式求导公式会难以应用于该公式……

想吃冰淇淋的程度= (时间^2+0.5)$^{0.5}$

……但之前可以通过中间变量（时间）来关联另外两个变量，故可用链式法则求导。

即使没有明显的中间变量，我们也可以先创建中间变量，再用链式法则求导。

2 首先对时间和想吃冰淇淋的程度创建中间变量，我们称之为"内在变量"。令其等于左侧公式中括号内的表达式……

内在变量=时间^2+0.5

……即想吃冰淇淋的程度可以被重新写成以下形式：

想吃冰淇淋的程度=内在变量$^{0.5}$

3 创建中间变量后，可以根据链式法则求导。

根据链式法则，想吃冰淇淋的程度关于时间的导数……

$$\frac{d\ 想吃}{d\ 时间} = \frac{d\ 想吃}{d\ 内在变量} \times \frac{d\ 内在变量}{d\ 时间}$$

……等于想吃冰淇淋的程度关于内在变量的导数……

……乘以内在变量关于时间的导数。

4 根据多项式求导公式，分别求导。

$$\frac{d\ 想吃}{d\ 内在变量} = \frac{d}{d\ 内在变量}\ 内在变量^{0.5} = 0.5 \times 内在变量^{-0.5}$$

$$= \frac{1}{2 \times 内在变量^{0.5}}$$

$$\frac{d\ 内在变量}{d\ 时间} = \frac{d}{d\ 时间}\ 时间^2 + 0.5 = 2 \times 时间$$

$$\frac{d\ 想吃}{d\ 时间} = \frac{d\ 想吃}{d\ 内在变量} \times \frac{d\ 内在变量}{d\ 时间}$$

$$\frac{d\ 想吃}{d\ 时间} = \frac{1}{2 \times 内在变量^{0.5}} \times (2 \times 时间)$$

$$= \frac{2 \times 时间}{2 \times 内在变量^{0.5}}$$

$$\boxed{\frac{d\ 想吃}{d\ 时间} = \frac{时间}{内在变量^{0.5}}}$$

5 最后，把上述两个导数代入链式法则的公式……

……与之前的"饥饿感"变量一致，通过创建的"内在变量"也可以得到相同的结果。 赞！

当没有明显的中间变量时，可以通过括号内的表达式来创建中间变量。

赞！赞！

致谢

撰写本书的想法来自观众在YouTube上我的StatQuest频道下的评论。我承认，当我第一次看到人们要求将StatQuest频道的内容成书时，我并不认为这是可能的，因为我不知道如何将频道中通过图片展示的机器学习讲解转换为文字。但当我创建了StatQuest的学习指南后，我意识到不用拘泥于"写"一本书，而是可以"画"一本书。因此，我开始着手这本书的创作了。

这本书的出版得到了很多人的帮助。

首先，我要感谢Patreon和YouTube上所有"赞！赞！赞！"的支持者：U-A Castle、J.Le、A.Izaki、GabrielRobet、A.Doss、J.Gaynes、Adila、A.Takeh、J.Butt、M.Scola、Q95、Aluminum、S.Pancham、A.Cabrera和N.Thomson。

我还要感谢我的文字编辑Wendy Spitzer，她对本书进行了魔法般的审校，纠正了无数的错误，就可读性给予我宝贵的反馈，并确保每个概念都得到了清晰的解释。此外，我还要感谢Adila、Gabriel Robet、Mahmud Hasan博士、Ruizhe Ma、Samuel Judge和Sean Moran，他们协助我做了从排版到确保数学计算正确性的一切工作。

最后，我要感谢Will Falcon和Lightning AI的整个团队。